KB270648

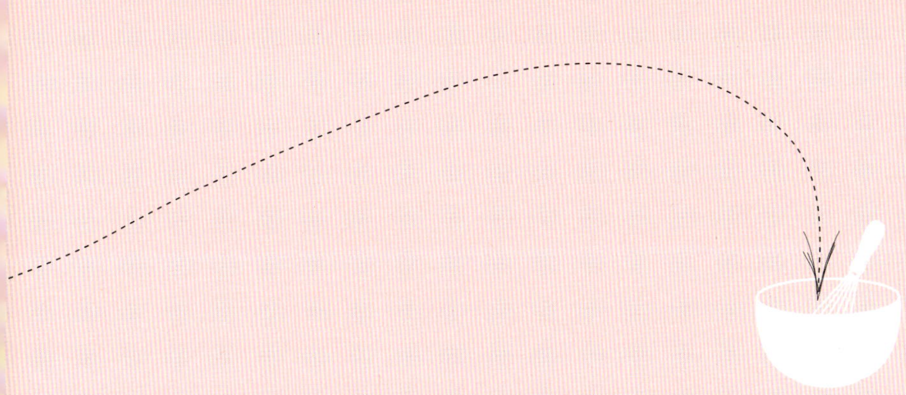

요리의 조리법을 3단계로 간추려 누구나 척 보면 자신 있게 만들 수 있는 쉬운 요리들을 골랐다.

만들기 쉽고, 시간 절약하고,
재료비 아끼는
맞춤요리

주부의 일손 덜어줄
쉬운 요리 다 있다!

전업주부든, 맞벌이주부든 하루에 한 번쯤은 그날 가족이 먹어야 할 먹을거리에 대해 고민을 한다. '오늘은 또 뭘 만들지?' 전업주부는 끼니마다, 직장을 가진 주부는 퇴근 무렵, 머리를 스치는 몇 가지 메뉴를 생각해 내고 서둘러 마트에 들러 이것저것 장바구니를 채우지만 막상 집에 들어서면 장바구니를 풀기가 두렵다.

이럴 때 쉬운 요리책 한 권이 친구가 되고 힘이 된다. 이 책은 가족들이 맛나게 먹을 수 있는 반찬, 아이들이 좋아할 반찬, 남편이 만족해 할 국물요리, 가족들의 기력을 돋워 줄 보양요리, 주말에 외식 대신 먹을 수 있는 별미요리 등 어떤 페이지를 펼쳐보아도 만들고 싶어지는 요리, 먹고 싶은 요리들로 가득하다. 무엇보다 조리과정이 복잡하지 않아서 따라 하기 쉽고 만들기도 편하다. 대부분 만들기 과정은 3단계로 동분서주 하지 않고 체계적이고 짜임새 있게 요리를 완성할 수 있다. 우선 재료를 준비하고, 양념을 갖춰 놓은 다음, 볶든지 조리든지 찌든지 끓이든지 굽든지 무치면 끝난다. 간맞추기가 제일 어렵지만 요리책에 나온 레시피를 참고하면서 맞추다 보면 저절로 손에 익고 간맞추기에 익숙해진다. 가나다 순으로 배열해 찾아보기도 쉽다.

쉬운 요리, 누구나 좋아하는 인기반찬

끼니 때마다 음식 만들기에 장시간을 들인다면 생각만 해도 고역이다. 매끼 음식을 안 먹을 수는 없지만 매끼 음식을 안만들 수도 없는 일. 이 책에는 쉽게 만들어 멋진 상을 볼 수 있는 인기 있는 반찬들로 꽉 차있다. 입맛 까다로운 가족들도 만족해할 만한 맛깔스러운 반찬이다. 시간 있을 때 기본양념이나 재료들을 미리 손질해 냉장, 냉동해 놓아 조리 시간을 절약할 수 있는 팁과, 요리하느라 힘 빼지 않으면서 맛있게 차려내는 노하우도 곳곳에 들어 있다.

깊고 풍부한 맛, 매일 먹는 국·찌개·전골

아무리 진수성찬으로 상을 차려 놓아도 국물요리가 빠지면 덜 차려진 느낌이다. 그러니 대한민
국 아내들은 늘 국물요리를 걱정한다. 하지만 알고 보면 가장 쉽게 만들 수 있는 요리가 국물요
리다. 신선한 재료와 궁합 맞는 재료로 알맞게 끓이기만 하면 완성이다. 물론 기본국물로 맛을
살려야 하므로 고기육수나 멸치국물을 미리 만들어 두면 빠른 시간에 구수한 국물요리를 편하게
끓일 수 있다. 국, 찌개 파트에 웬만한 국물요리는 다 들어 있다.

든든한 지원군, 맘먹고 만드는 밑반찬

밑반찬 몇 가지쯤은 만들어 둬야 반찬 없을 때 해결사 노릇 톡톡히 한다. 이 책에는 멸치조림, 오
징어채볶음, 다시마튀각 등 두고두고 먹을 수 있는 갖가지 밑반찬들도 다양하다. 번거롭다고 생
각하지 말고 날 잡아 만들어두자. 반찬 걱정이 반으로 줄고, 밥상 차리기도 수월해진다.

온가족 별미요리, 보양요리

일과 공부, 각종 스트레스에 지친 가족을 위한 보양요리 서너 가지는 기본기로 갖춰두자. 특히
환절기나 겨울철, 면역력이 떨어져 잔병치레하기 쉬운 계절에는 보양탕, 보양요리가 영양제만
큼 든든하다. 가족들이 입맛이 없거나 기가 떨어져 무엇을 어떻게 먹여야 할지 걱정이라면 별미
메뉴, 영양메뉴, 보양요리에서 해답을 얻자. 고기와 채소가 어우러진 요리가 맛도 영양도 풍부
하다. 물론 조리과정은 3~4단계라서 쉽고 편하게 요리를 완성할 수 있다.

contents

Part 1

만들기
쉬운
반찬

24 가자미화이트소스찜

26 감자샐러드

28 감자어묵조림

30 감자채볶음

32 고구마호두조림

34 고등어두반장튀김

36 굴두부동그랑땡

38 굴꼬치구이

40 굴미역무침

42 김치마무침

44 김치부침개

46 김치삼겹살찜

48 김치참치동그랑땡

50 다시마튀각

52 달걀찜

54 달걀치즈말이

56 달래오이생채

58 닭매운찜

60 닭살고추장볶음

62 떡불고기볶음

64 도미양념구이

66 도미양파조림

68 도토리묵무침

70 두부구이와 파채무침

72 두부선

74 두부양념조림

76 마늘종굴소스볶음
78 메밀묵김치무침
80 멸치고추볶음
82 모둠채소굴소스볶음
84 목살두반장찜
86 미역게살무침
88 뱅어포양념구이
90 버섯자장볶음
92 북어풋고추무침
94 브로콜리참치볶음
96 비타민냉채
98 삼겹살고추장볶음
100 삼겹살와인구이
102 상추버섯겉절이
104 새송이버섯된장볶음
106 소시지케첩조림
108 쇠갈비찜
110 쇠고기꼬치구이와 겉절이
112 쇠고기굴소스볶음
114 쇠고기채소구이
116 쇠고기장조림
118 숙주나물들깨무침
120 쑥갓봄배추겉절이
122 스팸치즈샐러드
124 연근고추장조림
126 연두부버섯볶음

128 연배추겉절이
130 연어된장찜
132 오이피클
134 오징어채볶음
136 오징어케첩강정
138 제육볶음
140 죽순잡채
142 중국식 오이피클(마리황과)
144 채소스테이크볶음
146 청경채마른새우볶음
148 청포묵달래장
150 취나물된장무침
152 콩나물유부찜
154 콩나물파채무침
156 콩샐러드
158 콩다시마조림
160 토마토베이컨볶음
162 팽이버섯겉절이
164 편육깻잎무침
166 표고버섯쌀가루강정
168 풋마늘오징어무침
170 피망잡채
172 해파리새우냉채
174 홍합허브고추소스

contents

cooking up

8 계량방법 익히기
10 양념장 황금비율
14 풍미 양념&맛내기 양념
16 조리시간을 줄이는 노하우
18 색깔있는 식재료가 몸에 좋다
20 경제적이고 효율적인 쇼핑 노하우

176 집에서 만드는 소스&드레싱
180 요리솜씨를 뽐내려면
182 망친 요리, 방법은 있다
214 바탕국물의 제맛을 내려면
216 찌개·국에 자주 쓰이는 재료 손질법
218 해장국 재료 궁합 맞추기
220 얼큰한 찌개 재료 궁합 맞추기
222 몸보신 요리 재료 궁합 맞추기
314 언제나 싱싱한 우리집 냉장고 만들기
316 냉동실 골칫덩이 해치우는 방법

Part 2 끓이기 쉬운 국

186 감자국
188 굴두부국
190 굴해장국
192 근대토장국
194 김칫국
196 두부콩가루국
198 무국
200 미역홍합국
202 배추속대국
204 버섯닭고기맑은국
206 북어국
208 얼갈이배춧국
210 조개냉이국
212 황태콩나물해장국

Part 3

끓이기
쉬운
**찌개
&
전골**

226 갈낙전골
228 국수전골
230 김치갈비전골
232 김치감자탕
234 김치찌개 1
236 김치찌개 2
238 꼬리곰탕
240 꽃게찌개
242 대구지리
244 도가니탕
246 동태찌개
248 돼지갈비감자탕
250 돼지고기고추장찌개
252 된장찌개 1
254 된장찌개 2
256 두부김치전골
258 두부젓국찌개
260 모둠버섯전골
262 버섯들깨찌개

264 버섯매운찌개
266 버섯불고기찌개
268 생태매운찌개
270 쇠고기국수전골
272 쇠고기찌개
274 스끼야끼
276 알탕
278 애호박오징어찌개
280 어묵찌개
282 연두부호박찌개
284 연배추갈비탕
286 오삼불고기전골
288 우럭매운탕
290 육개장
292 조개순두부찌개
294 조기맑은탕
296 조기매운탕 1
298 조기매운탕 2
300 청국장찌개
302 추어탕
304 콩물우거지냄비
306 콩비지찌개
308 표고버섯들깨찌개
310 해물찌개
312 해물탕

계량방법 익히기

초보 주부들이 가장 어려워하는 것이 간 맞추기다.
이럴 때 계량저울, 계량컵, 계량스푼을 이용하면 훨씬 쉽다. 그 방법을 익혀 보자.

계량스푼으로 계량할 때

● 보통 세 개로 구성되어 있는데 1큰술(15cc), 1작은술(5cc), 1/2작은술(2.5cc)짜리 3개와 계량한 다음 윗면을 편평하게 깎아줄 때 사용하는 납작한 주걱이 한 세트로 되어 있다.

● 간장이나 기름, 술 같은 액체 종류와 소금, 설탕 같은 가루 종류를 잴 때의 방법이 조금씩 다르므로 재료에 따라 정확하게 계량하는 방법을 알아두도록 한다.

앉은 저울 또는 계량컵으로 계량할 때

● **앉은 저울** 고기나 채소, 두부 등 컵으로 잴 수 없는 재료들, 그리고 1컵 분량 이상 되는 가루제품 등은 저울로 재는 것이 정확하고 편리하다. 조리용으로는 1~2kg까지 잴 수 있는 앉은 저울이 비교적 정확하고 눈금을 읽기도 쉽다. 편평한 장소에 저울을 놓고 눈금이 0에 있는지 확인한 다음 재료를 올려놓고 잰다.

● **계량컵이 있을 때** 기본 분량은 1컵이 200cc. 종류에 따라 1컵짜리, 2컵짜리 등이 있다. 액체를 잴 때는 속이 비치는 투명한 것이 좋다. 계량시 반드시 편평한 장소에서 재야 한다.

● **계량컵이 없을 때**

200㎖ 우유팩 접히는 부분에서 1cm 내려오는 부분까지 담으면 1컵.

떠먹는 요구르트통 뚜껑 부분에서 1cm 내려온 부분이 1/2컵.

가루를 잴 때

계량 스푼은 1큰술, 1작은술, 1/2작은술로 표시되어 있으므로 실수가 없도록 하자. 보통 1큰술이 15cc, 1작은술이 5cc이므로 1작은술은 1큰술의 1/3분량이다. 커피를 탈 때 사용하는 1티스푼은 1작은술에 해당하는 분량이라고 생각하면 가늠하기가 쉽다. '약간' 이나 '조금' 이라는 분량은 1/8작은술 정도를 말한다. 후춧가루 조금이라고 표시되어 있다면 2~3번 뿌리는 정도를 기준으로 하면 된다.

● **1큰술 · 1작은술** 설탕, 소금, 녹말가루 같은 가루 종류는 먼저 스푼 가득 담은 후에 스푼용 주걱으로 표면을 편평하게 깎아냈을 때의 양이 정확하다. 1작은술을 잴 때도 마찬가지다.
● **1/2큰술** 표면을 편평하게 깎아서 잰 후에 중심에서부터 절반을 덜어냈을 때의 양이다.

액체를 잴 때

많은 양의 액체를 잴 때는 컵을 이용하지만 적은 양을 가늠할 때는 1큰술, 1작은술로 표시되어 있다. 보통 한 컵은 200cc이며 국이나 찌개 등 국물 음식의 국물 양을 잴 때는 500cc짜리 큰 컵을 사용한다. 200cc분량은 작은 우유 1팩 정도를 말한다.

● **1큰술 · 1작은술** 스푼 가장자리에 넘치지 않을 정도까지 담는다. 즉, 표면에 찰랑찰랑할 정도로, 1작은술도 마찬가지다.
● **1/2큰술** 스푼 높이의 절반보다 약간 올라올 정도로 액체를 담았을 때의 양이다.
● **1/3큰술** 1/3큰술은 1작은술과 같은 양이므로 되도록 1작은술짜리 계량스푼을 사용하는 게 정확하다. 부득이 1큰술짜리를 사용할 경우에는 스푼의 1/3 높이보다 약간 높을 정도로 담는다.

도구없이 계량할 때

● **포장지에 표시된 중량을 기준으로 한다**
대부분의 제품들에는 중량표시가 되어 있으므로 이것을 기억해 두었다가 양을 가늠하면 편하다. 예를 들어 요리 재료가 두부 100g이라고 하면 자신이 사온 두부가 몇 g짜리인지 확인해서 1/3~1/2모를 잘라 쓰면 되므로 매번 저울에 달지 않아도 쉽게 양을 가늠할 수 있다.

● **손이나 손가락도 계량기가 될 수 있다**
소금 '약간' 또는 '조금' 은 엄지손가락과 둘째손가락 사이에 쥐어지는 양으로, 약 1/8작은술쯤이 된다. 이에 반해 후춧가루 조금이라고 되어 있는 것은 2~3회 뿌리는 것을 기준으로 삼으면 되고, 소금 한 줌은 엄지손가락, 둘째 · 셋째 손가락 끝으로 쥔 양이다. 이것은 약 1/3작은술이 된다.

● **손바닥, 손가락 길이를 알아둔다**
요리책에 '5cm 길이로 썰어라' 라고 되어 있다고 해서 매번 자를 들이댈 수는 없는 노릇이다. 이럴 때 자 대신 사용할 수 있는 게 자신의 손이다. 평소 자기의 손가락 길이를 재둔다. 새끼손가락 한 마디는 1cm, 둘째손가락 길이는 7cm쯤, 그리고 손바닥 전체 길이는 15~16cm쯤으로 기억해 두면 자르고 싶은 길이에 맞는 손의 부분을 재료에 대고 자르면 편하다.

● **눈대중으로도 무게를 잰다**
계량하는 데 익숙해진 다음에는 자주 사용하는 재료의 양을 기억해 두도록 한다. 그러면 눈대중으로도 무게를 알 수 있다. 예를 들어 버섯 6~7개쯤이 100g, 달걀은 중간크기 1개가 60g, 콩나물은 한 움큼 잡은 양이 100g이라든가, 혹은 감자 중간크기 1개는 150g 정도이고 호박 100g은 6~7cm 길이 1토막의 양, 다진 마늘 1큰술은 마늘 3쪽을 다진 양 하는 식으로 기억해 두면 편리하다. 아니면 100g의 양이 어느 정도인지 알아 놓으면 짐작해서 가늠할 수 있다.

요리 선생의 수첩 속 비법 공개

양념장 황금비율

어떤 요리든지 맛을 내려면 양념장이 따르게 된다. 그 양념장의 황금 비율이 맞았을 때 비로소 음식맛이 결정된다. 요리 선생들이 바이블처럼 사용하는 양념장 레시피를 공개한다.

미리 만들어 두면 편리한 기본 양념

향신기름

재료 식용유 4컵, 붉은고추 8개, 마늘 20쪽, 생강 4톨, 대파 2대, 양파 1/2개, 깻잎 6~8장
만들기
1 고추는 반으로 갈라서 씨를 털어내고, 양파는 고운 채로 썬다. 2 냄비에 준비한 재료를 넣고 분량의 식용유를 부어 낮은 불에서 은근하게 끓인다. 3 재료가 익어서 갈색이 나면 건더기는 버리고 기름은 식힌 다음에 병에 담아서 쓴다.

맛소금

재료 굵은소금 2컵, 물 2컵
만들기
1 체에 굵은 소금을 담고, 그 위에 물을 부어서 물이 아래로 빠지도록 한다. 그런 다음 소금의 물기를 뺀 것을 팬에 볶는다. 2 물기가 점점 없어지면 분쇄기나 절구에 넣고 곱게 빻는다. 3 빻은 소금은 고운 체에 내려서 완성한다.

맛고추장

재료 고운고춧가루 6컵, 메주가루·엿기름 4컵씩, 찹쌀가루·물 8컵씩
만들기
1 분량의 엿기름에 물을 부어서 주물러 씻은 다음 고운 체에 부어 걸러낸다. 2 그 엿기름물에 찹쌀가루를 분량대로 넣고 원래 양의 2/3가 될 때까지 조린다. 3 식으면 메주가루, 고춧가루 등의 남은 재료를 넣고 고루 섞어서 항아리에 담아두고 쓴다.

고추기름

재료 굵은 고춧가루 1과1/3컵, 향신기름 3컵
만들기
1 향신기름을 50℃ 정도 되도록 따뜻하게 데운 후 굵은 고춧가루를 부어서 잘 저어 6시간 정도 불린다. 주걱으로 저으면 더욱 잘 불려진다. 2 고춧가루가 잘 불으면 깨끗한 거즈에 걸러서 기름을 받아낸 후 병에 담아 사용한다.

밑반찬 만들 때 넣는 양념장

고추기름장

재료 고추기름 5큰술, 다진 마늘 1작은술, 청주 1작은술, 설탕 1/2작은술, 소금 조금

만들기

1 준비한 재료를 한데 담아 고루 섞는다. 2 좀더 매콤한 맛을 원한다면 고춧가루나 마른 붉은고추 등을 잘게 썰어 넣어도 좋다.

이럴 때 좋아요 고추기름을 넣어 매콤하고 칼칼한 맛이 난다. 오징어채나 오이지를 무칠 때 넣어서 버무리면 맛있다.

고추장양념장

재료 고추장 5큰술, 물엿 1큰술, 통깨 2작은술, 다진 마늘 1작은술

만들기

1 준비한 재료를 한데 담고 고루 섞어 양념장을 만든다. 2 생강즙이나 레몬즙을 조금씩 더 넣어 향을 돋워도 좋다.

이럴 때 좋아요 뱅어포에 여러 겹으로 발라 굽거나 중간 크기의 멸치를 무칠 때 넣으면 맛있다.

간장참기름양념장

재료 간장 5큰술, 참기름 1큰술, 송송 썬 실파 1뿌리 분량, 설탕 1작은술, 소금·후춧가루 조금씩

만들기

1 준비한 재료를 한데 담아 고루 섞는다. 2 마늘즙이나 청주 등을 조금씩 더해도 좋다.

이럴 때 좋아요 파래김이나 데친 실파를 무칠 때 넣으면 맛있고, 구운 두부 위에 올려 먹는 양념장으로도 적당하다.

콩가루된장양념장

재료 된장 5큰술, 콩가루 2큰술, 물엿 1작은술, 다진 청양고추 1큰술, 양파즙 1큰술

만들기

1 다진 청양고추와 양파즙에 나머지 재료를 넣고 고루 섞는다. 2 들깨나 통깨 등을 넣어 고소한 맛을 더해도 좋다.

이럴 때 좋아요 양념에 콩가루를 넣어 깊고 진한 맛을 낸다. 두부나 호박 등을 넣어 자박하게 끓이는 강된장찌개에 잘 어울린다.

생선과 고기 요리에 곁들이는 양념장

데리야끼양념장

재료 간장 1/2컵, 양파 1/4개, 마늘 4쪽, 마른 붉은고추 1개, 설탕 1작은술, 소금·후춧가루 조금씩, 레몬 1/4개, 물 1/2컵

만들기

1 모든 재료를 분량대로 준비한 다음 냄비에 담고 물의 양이 반으로 줄어들 때까지 팔팔 끓인다. 2 건더기는 건져내고, 액체 양념만 쓴다.

이럴 때 좋아요 특히 구운 닭가슴살 위에 끼얹어 맛을 내거나 쇠고기스테이크를 만들 때 소스로 쓰면 적당하다.

쯔유무즙장

재료 쯔유 1/4컵, 무즙 3큰술, 가쓰오부시 반 움큼, 청주 1큰술, 소금 조금

만들기

준비한 재료를 한데 담은 후 고루 섞는다.

이럴 때 좋아요 구운 생선살과 채소를 곁들여 만드는 전채 요리에 잘 어울린다. 데치거나 구운 새우와도 맛이 잘 맞는다.

폰즈레몬장

재료 간장 5큰술, 레몬 1/5개, 다시마 우린 물 1/3컵, 청주 1작은술, 소금 조금

만들기

레몬을 저며 썬 다음 준비한 재료를 한데 담아 고루 섞는다. 레몬은 즙을 짜 넣고, 껍질은 채썰어 넣어도 좋다.

이럴 때 좋아요 가자미나 우럭, 도미로 찜을 한 후 찍어 먹는 양념장으로 낼 때 적당하다.

와사비장

재료 와사비 2큰술, 간장 5큰술, 식초·설탕 2작은술씩, 물엿 1작은술, 소금 조금

만들기

준비한 재료를 고루 섞는다.

이럴 때 좋아요 찐 닭고기를 결대로 찢어 무칠 때 넣으면 맛있다. 그리고 양념한 쇠고기를 구워 먹을 때 찍어 먹도록 곁들이면 고기 맛이 한결 살아난다.

김치와 생채 만들 때 넣는 양념장

고춧가루양념

재료 고춧가루 1/2컵, 다진 생강 2작은술, 다진 마늘 1큰술, 설탕 2작은술, 액젓 1큰술, 소금 조금

만들기
재료를 준비하여 한데 담은 후 고춧가루가 충분히 불려질 때까지 섞어 양념장을 만든다.

이럴 때 좋아요 김치나 생채를 만들 때 기본이 되는 양념으로 특히 상추나 배추로 겉절이를 할 때 잘 어울리고, 오이나 무생채를 만들 때 넣어도 맛있다.

새콤달콤식초장

재료 설탕 · 식초 2큰술씩, 다진 마늘 1작은술, 청주 1/2큰술, 소금 조금

만들기
설탕, 식초, 마늘, 청주, 소금을 분량대로 준비하여 고루 섞는다.

이럴 때 좋아요 설탕과 식초를 넣어 새콤달콤한 맛이 나도록 만든 양념으로 오이나 무 등을 이용하여 초절임을 만들 때 어울린다.

초고추장양념

재료 고추장 5큰술, 설탕 · 식초 1큰술씩, 다진 마늘 1/2작은술, 통깨 1작은술, 소금 조금

만들기
준비한 재료를 고추장이 잘 풀어지도록 고루 섞어 양념을 만든다.

이럴 때 좋아요 상추나 치커리 등으로 겉절이를 만들 때 넣고 버무려 먹는다. 재료와 양념을 살살 버무려야 채소에서 물이 적게 나와 양념의 맛을 제대로 느낄 수 있다.

액젓양념장

재료 액젓 5큰술, 다진 청양고추 1큰술, 다진 붉은고추 1개 분량, 다진 실파 1큰술, 채썬 마늘 3개 분량, 설탕 1작은술, 소금 조금

만들기
준비한 재료를 한데 담은 후 고루 섞는다.

이럴 때 좋아요 액젓의 양을 넉넉하게 넣고 청양고추와 붉은고추를 넣어 깊고 칼칼한 맛이 나는 양념장이다. 파김치나 부추김치 등을 만들 때 잘 어울리는 맛이다.

쌈 싸먹을 때 요긴한 쌈장

약고추장

재료 고추장 1/4컵, 다진 쇠고기 50g, 다진 양파 2큰술, 식용유 2큰술, 참기름 1큰술, 물엿 1큰술, 꿀 2작은술, 잣 조금, 소금 조금

만들기
1 달군 팬에 식용유를 두르고 다진 쇠고기와 다진 양파를 넣어 먼저 달달 볶는다. 2 고추장을 비롯한 나머지 재료를 넣어 한 번 더 볶는다.

이럴 때 좋아요 쌈에 곁들이거나 비빔밥을 만들 때 고추장 대신 넣는다.

기본 쌈장

재료 된장 · 고추장 4큰술씩, 다진 파 1작은술, 멸치가루 1큰술, 다진 마늘 1작은술, 설탕 1작은술, 소금 조금

만들기
재료를 분량대로 준비한 후 한데 담아 고루 섞어 쌈장을 만든다.

이럴 때 좋아요 가장 기본적인 쌈장으로 어느 쌈과도 무난하게 잘 어울리지만 특히 채소쌈과 잘 어울린다.

두부쌈장

재료 된장 4큰술, 고추장 1큰술, 두부 1/5모, 참기름 1작은술, 다진 마늘 1작은술, 소금 조금

만들기
1 두부는 으깬 후 물기를 꼭 짜 놓는다. 2 분량대로 준비한 재료를 한데 담아 고루 섞는다.

이럴 때 좋아요 쌈장에 으깬 두부를 넣으면 맛이 부드럽고 담백해진다. 돼지불고기를 싸 먹을 때 얹으면 맛있고, 일반 채소쌈과도 잘 어울린다.

해물(굴)쌈장

재료 굴 1/4컵, 고춧가루 2큰술, 다진 마늘 1작은술, 마른 붉은고추 1/4개, 레몬즙 1큰술, 설탕 1작은술, 소금 조금

만들기
1 깨끗하게 손질한 신선한 굴에 소금을 뿌려 절인다. 2 굴에 준비한 다른 재료를 모두 넣고 고루 섞는다.

이럴 때 좋아요 굴을 넣어 시원한 맛이 도는 쌈장으로 양상추쌈과 특히 어울린다.

국·찌개 끓일 때 넣는 양념장

쯔유양념장

재료 쯔유 5큰술, 표고버섯 기둥 3개, 양파 1/4개, 대파 1/2대, 물 1/2컵, 가쓰오부시 반 움큼, 소금 조금

만들기
1 준비한 재료를 한데 담아 냄비에 넣고 국물이 반으로 졸아들 때까지 푹 끓인다. 2 건더기는 건져내고, 액체 양념장만 따라내어 사용한다.

이럴 때 좋아요 양파와 대파, 가쓰오부시가 국의 맛을 부드럽게 한다. 두부나 달걀을 넣고 맑게 끓이는 국의 양념으로 좋다.

양파간장양념장

재료 간장 5큰술, 양파 1/6개, 청주 1큰술, 레몬즙 1큰술, 소금 조금

만들기
간장에 양파를 굵직하게 채썰어 넣고 나머지 다른 재료를 모두 넣어 고루 섞는다.

이럴 때 좋아요 청주와 레몬즙이 생선 비린내를 제거해주고, 깔끔한 맛을 내기 때문에 대구나 생태 등을 넣어 끓이는 찌개와 잘 어울린다. 또 북어국을 끓일 때 넣어도 맛있다.

마늘고추장양념장

재료 고추장 5큰술, 마늘 4쪽, 참기름 1작은술, 청주 1/2큰술, 소금 조금

만들기
마늘은 납작하게 저며 썬 후 준비한 다른 재료와 고루 섞는다.

이럴 때 좋아요 고추장을 넉넉하게 넣어 칼칼하면서도 감칠맛이 나는 양념장이다. 돼지고기를 넣어 얼근하게 끓이는 김치찌개나 감자찌개, 두부찌개 등에 넣으면 잘 어울린다.

된장고추장양념장

재료 된장 5큰술, 고추장 3큰술, 다진 양파 3큰술, 청주 1작은술, 소금 조금

만들기
준비한 재료를 고루 섞는다.

이럴 때 좋아요 된장이 구수한 맛을 내고, 고추장이 칼칼한 맛을 내서 추운 겨울에 얼큰하게 끓여 먹는 배춧국과 잘 어울린다. 그 외에 두부찌개나 동태찌개를 끓일 때 넣으면 맛있다.

나물 무칠 때 넣는 양념장

참기름장

재료 참기름 5큰술, 송송 썬 실파 1뿌리 분량, 간장 2큰술, 양파즙 1큰술, 소금·후춧가루 조금씩

만들기
준비한 재료를 고루 섞는다.

이럴 때 좋아요 참기름을 넉넉하게 넣어 고소한 맛이 나는 양념장으로 시금치나 콩나물을 무칠 때 적당하다. 호박을 반달 모양으로 자른 후 볶을 때 넣어도 맛이 잘 어울린다.

과일맛장

재료 간장 1/4컵, 물 1/3컵, 사과 1/2개, 양파 1/5개, 물엿 1작은술, 마늘 2쪽, 소금 조금

만들기
1 준비한 재료를 한데 담아 냄비에 넣고 국물이 반으로 줄어들 때까지 졸인다. 2 건더기는 건져내고 액체로 된 양념만 쓴다.

이럴 때 좋아요 오이를 동그랗게 저며 썰어 소금에 살짝 절여 물기를 짠 후 과일맛장으로 무치면 아삭한 맛이 일품이다. 콩나물무침을 할 때 넣으면 입맛을 돋운다.

들깨장

재료 들깨 5큰술, 들기름 1큰술, 간장 2큰술, 설탕 1작은술, 소금 조금

만들기
1 들깨를 분마기에 넣어 곱게 간다. 2 준비한 다른 재료와 함께 고루 섞는다.

이럴 때 좋아요 무청나물을 무칠 때 넣으면 깊은맛을 낸다. 으깬 두부와 데친 쑥갓을 같이 무칠 때 넣어도 맛있다.

된장양념장

재료 된장 5큰술, 통깨 1큰술, 참기름 1작은술, 다진 파 1큰술, 소금 조금

만들기
준비한 재료를 분량대로 넣고 고루 섞는다.

이럴 때 좋아요 살짝 데친 배추나 푹 찐 가지 등을 무칠 때 잘 어울린다. 데친 미역에 넣고 무쳐도 의외로 맛있다.

갖춰놓으면 깊은맛 내는 풍미 양념

고추장, 된장, 간장, 소금만으로 손맛을 낸다는 건 이젠 옛말. 입맛이 까다로워지고 메뉴가 다양화, 고급화 되었다. 이럴수록 부엌에 갖춰 두어야 할 양념들도 달라 져야 한다. 재료의 맛과 풍미를 확실히 살리는 필수 양념들.

❶ 굴소스

생굴을 소금물에 담가 발효시킨 것. 볶음이나 조림 요리를 할 때 간장의 양을 줄이고 굴소스를 넣으면 약간의 단맛과 진한 감칠맛이 각종 재료의 맛과 잘 어우러진다.

❷ 국물용 멸치

담백하고 개운한 국물을 내려면 물 5컵에 10마리 정도가 적당하다.

❸ 마른 표고버섯

주재료로 사용해도 되지만 찌개나 고기, 채소 요리 등 다양한 요리에 부재료로 넣거나 블렌더에 갈아서 천연 조미료로 사용하면 깔끔한 감칠맛과 향을 낼 수 있다.

❹ 다시마

다시마는 빛깔이 검고 두꺼우며 표면에 하얀 가루가 고루 분포돼 있는 것이 좋은 것으로 가윗집을 여러 번 넣어 끓이면 더욱 잘 우러난다. 시원한 국물을 내기 위해선 젖은 면보로 하얀 가루를 살짝 닦아 찬물에 넣고 물이 끓으면서 다시마가 떠오르면 바로 건져내야 한다.

❺ 마른 고추

볶음 요리를 할 경우 프라이팬에 기름을 두르고 뜨겁게 달군 후 다른 재료를 볶기 전에 살짝 볶아 맛과 향을 낸다.

❻ 올리브오일

샐러드 드레싱이나 일반 볶음 요리에 엑스트라 버진 올리브오일을 사용하면 올리브오일의 신선한 향을 그대로 즐길 수 있다. 올리브오일을 처음 사용하거나 향이 익숙지 않아 일반 식용유를 대체해서 쓰기에는 엑스트라 라이트 올리브오일이 적당하다.

❼ 청주

쌀을 누룩과 물로 발효시켜 만든 양조주로 정종이라고도 하는데 생선이나 고기 요리를 할 때 잡냄새를 없애고 육질을 부드럽게 한다.

❽ 가다랭이포

가쯔오부시라고 불리는 가다랭이포는 종이처럼 얇게 포로 뜬 상태로 담백한 국물맛을 내는 식재료다. 붉은 빛을 띤 독특한 흑갈색으로 윤기가 흐르는 것이 좋다. 불을 끈 상태에서 살짝만 우려내는 게 감칠맛이 난다.

다양한 요리를 만들 수 있는
맛내기 양념

이 정도 맛내기 양념은 갖춰 놓아야 다양한 요리를 만들 수 있다. 샐러드, 스파게티, 마파두부, 바비큐, 찜 등 색다른 음식을 만들고 싶을 때 이용해 보자.

❶ 참치액소스
훈연한 가쯔오부시의 엑기스를 추출한 것으로 감칠맛이 뛰어나고 맛의 깊이를 더해주는 액상 조미료. 미역국이나 우동국물, 샤브샤브 국물 양념으로 제격이다.

❷ 고추기름
칼칼하면서도 매콤한 맛이 나는 중국요리에 빠지지 않고 들어가는 것이 바로 고추기름. 각종 해물 요리와 볶음 요리에 매콤한 맛을 더해 풍미를 느끼게 하며 과일즙을 섞으면 달콤한 맛을 내 고기 소스로 그만이다.

❸ 씨겨자
겨자씨가 통째로 들어 있는 매콤한 홀그레인 머스터드로 톡 쏘는 듯한 매콤하고 개운한 맛이 일품이다. 샌드위치를 만들 때 재료를 토핑하기 전에 빵에 바르거나 연어 샐러드를 비롯한 각종 샐러드 드레싱에 활용하면 좋다.

❹ 치킨스톡
닭 육수를 농축시켜 고형화한 것으로 수프나 전골 등 각종 국물 요리를 할 때 육수 대신 손쉽게 진한 맛을 낼 수 있다.

❺ 두반장
마파두부의 메인 소스로 잘 알려진 두반장은 해물 요리나 짬뽕 외에 고기를 재어두었다가 찜이나 구이로 조리를 할 때, 볶음밥이나 스파게티를 할 때 넣으면 매콤한 맛을 낸다.

❻ 토마토홀
잘 익은 생토마토의 맛을 그대로 살린 토마토홀은 파스타나 수프에 이용하면 한결 편리하다. 토마토 퓌레를 농축시켜 고추장처럼 걸쭉하게 만든 토마토 페이스트도 함께 갖춰 놓고 각종 소스를 만들 때 사용한다.

❼ 발사믹식초
와인을 발효시켜 만든 검은색을 띤 식초로 일반 식초보다 신맛은 덜하면서 풍미가 깊고 진하다. 고기를 굽기 전에 잠깐 발사믹식초에 절였다가 구우면 풍미가 더욱 좋아지며 생선을 구울 때도 조금 넣어주면 생선살이 단단해지고 비린맛도 제거된다.

❽ 월계수잎
특유의 향이 좋아 삼겹살이나 갈비를 재거나 해산물 요리를 할 때 넣으면 누린내나 비린맛을 없애고 풍미를 살릴 수 있다.

조리시간을 줄이는 노하우

요리를 잘 하는 여자는 빠른 시간에 제맛나는 요리를 두세 가지
한꺼번에 만들어 낸다. 그 요령을 익혀보자.

양념장을 먼저 만들어 놓고 요리한다

요리의 맛은 손끝에 있다지만 기본 양념을 얼마나 잘 하느냐에 따
라 요리 맛이 달라진다. 요리에 자신이 없거나 초보 주부라면 양념을
넣을 때 요리책을 보거나 눈대중으로 대충 하는 것이 보통. 하지만 이
런 경우라도 양념을 직접 음식에 넣기보다는 양념장 그릇을 따로 만들
어 분량의 재료로 양념장을 미리 만들어 요리에 사용하면 간을 잘못
맞추는 실수를 방지할 수도 있고, 양념이 남는 것을 막을 수도 있다.
적은 양의 소스를 요리할 때에는 일주일치 정도씩 만들어 보관해 두고
바로바로 꺼내어 쓰는 것이 좋다.

조리도구를 잘 활용한다

요리를 제대로 하려고 들면 생각보다 많은 조리도구가 필요하다는 것을
알게 되고 그것에 욕심을 내기 마련이다. 하지만 조리도구를 완벽하게
갖췄다고 해서 요리를 잘하는 여자라고는 할 수 없다. 중요한 것은 조리도구를
얼마나 적절하게 활용하느냐 하는 것. 요리를 잘하는 여자는 믹서나 분쇄기,
커터 등의 기본 도구는 물론 푸드 프로세서 등 기존의 조리도구를 효율적으로
잘 사용하기 때문에 시간도 줄이면서 짧은 시간에 두세 가지의 요리를
간단히 해내는 것을 볼 수 있다.

응용 아이디어를 살린다

　요리를 잘하는 사람과 못하는 사람은 한눈에 차이가 난다. 요리에 서툰 주부들은 한결같이 강사의 말을 곧이 곧대로 듣는 것. 3분을 기다리라고 하면 시계를 보며 1초의 흐트러짐도 없이 기다리고 있고, 3cm 두께로 썰라고 하면 자로 잰 듯 반듯하게 썰려고 한다.

　하지만 요리를 잘하는 사람들은 자신의 경험을 살려 그것을 응용하는 데 주저함이 없다. 무엇보다 경험이 풍부한 것이 중요하겠지만 틀에 박힌 요리가 아니라 요리를 즐기고 배운 것을 응용해서 요리하는 것이 요리 잘하는 비결이 아닐까.

재료를 고르는 폼부터 다르다

　장을 보는 모양새를 보면 요리를 잘하는 여자인지 아닌지 한눈에 알 수 있다. 요리를 잘하는 여자는 시금치 한 단을 사더라도 여러 가지 활용도를 생각하게 마련이다. 시금치 하면 단순히 무침을 생각하는 게 아니라 무침할 분량을 따로 떼어놓고, 2~3뿌리는 다져서 이유식에, 1/3은 국을 끓이고, 남은 것이 있다면 데쳐서 냉동실에 넣어두는 것이 기본. 다시마나 표고버섯 같은 재료가 남았다면 갈아서 천연조미료로 사용하기도 한다. 장을 보러 가기 전 집에 있는 재료와 추가로 산 재료로 할 수 있는 요리를 생각해 두면 필요 이상으로 장보는 일이 줄어들어 쌓이거나 버리는 재료를 줄일 수 있다.

냉장고 재료를 잘 활용한다

　단촐한 살림이라 음식이 남지 않게 하는 것이 가장 큰 고민거리. 그런데 요리 잘한다고 하는 친구들 집에 가보면 한결 같이 냉장고가 깨끗하고 정리가 잘 되어 있다.
재료들은 대부분 손질이 되어 밀폐 용기에 담겨 냉동실이나 냉장실에 보관되어 있다. 어쩔 수 없이 많이 사게 되는 채소들은 이웃집과 나누어 먹거나 반찬을 만들어 두는 것이 노하우라고 귀띔하는 친구도 있다.

누구를 위한 음식인가를 처음부터 생각한다

　요리는 마음의 표현이다. 어떤 요리를 만들지 생각하는 순간부터 대상을 생각하며 요리를 만들면 상대의 식성이나 기호를 감안하기 때문에 그만큼 애정이 담긴 요리를 만들 수 있다. 자녀를 위한 요리라면 지나치게 양념을 치지 않고 요리해 재료 본래의 맛을 살리면서도 영양가 있는 메뉴를 만들 수 있다. 얼큰한 국물을 좋아하는 남편이나 손님을 위한 초대 요리 같이 요리의 대상이 분명해지면 요리하는 일이 그리 막막하지는 않다.

색깔 있는 식재료가 몸에 좋다

과일이나 채소에는 각각의 색소가 있는데
그 색소 속에 몸에 좋은 성분이 많이 들어 있다.
그린 푸드는 오래 전부터 중요시되어 왔고,
요즘 새로이 각광받고 있는 레드 푸드와 블랙 푸드에
대해서도 알아본다.

Black Food

● **검은콩** 신장의 기능을 좋게 해주기 때문에 몸이 붓거나 피로감이 오래
갈 때 먹으면 좋다. 검은콩에 든 이소플라본 성분은 다른 콩보다 노화억제
와 항암효과가 4배 이상 높다. 에스트로겐 성분도 있는데 유방암 예방에 좋
고, 섬유질은 변비를 해결해 주고, 비타민 B_1은 치매를 예방해 준다.

● **검은깨** 중국에서는 불로장생 식품 중의 하나라고 일컬어질 정도로 몸
에 좋은 식재료. 레시틴 성분이 들어 있어 기억력과 집중력을 높여주어 한
창 공부하는 아이들에게 좋다. 키를 크게 하고, 뼈도 튼튼하게 해준다.

● **검은쌀** 검은콩보다도 안토시아닌 색소가 많이 들어 있어서 노화방지에
는 최고의 식품이다. 셀레늄이 많이 들어 있어 간세포의 파괴를 억제하는
효과도 있다. 게다가 각종 무기질 성분이 풍부하여 꾸준히 먹으면 빈혈도
예방된다.

● **미역** 비타민 A가 많이 들어 있으며, 다른 종류의 비타민도 고루 함유되
어 있다. 칼륨과 칼슘이 많이 들어 있으며, 철분도 풍부해 빈혈 예방에 좋다.

● **다시마** 알칼리성이 강한 식품으로 영양분도 미역과 비슷하다. 미역과
다시마에는 대장의 연동운동을 도와주는 알긴산이 다량 함유되어 있어 변
비에 좋다.

Green Food

●**브로콜리** 비타민 C가 풍부하여 나른하거나 피곤할 때 먹으면 좋다. 철분도 많아 빈혈 예방과 치료에도 좋다. 노화를 방지하고 피부에 생기를 주는 비타민 E도 풍부하다.

●**부추** 감기의 초기증상 완화와 암 예방효과가 있다. 비타민 A의 효력이 높아 100g으로 1일 필요량을 거의 채울 수 있고 비타민 B군을 체내에 저장해 두고 활용하는 작용이 있어 피로회복에 신속한 효과를 발휘한다. 체력을 증강하는 작용도 있어 매일 조금씩 상식하면 허약체질 개선효과도 기대할 수 있다. 중국에서는 마늘과 함께 2대 강장식품으로 꼽힌다.

●**시금치** 철분이 많아서 빈혈에 좋다. 칼슘 성분은 체액의 산성화를 방지하고, 비타민과 무기질이 머리카락과 피부의 윤기를 좋게 하고 혈색도 좋게 한다. 또한 비타민 A와 C가 많기 때문에 감기를 예방해 주고, 기관지염 등에도 효과가 있다.

●**취나물** 칼륨, 비타민 C, 아미노산의 함량이 많다. 어린 잎은 향이 있어서 데쳐서 무쳐 먹으면 입맛을 돋워주고 피로회복에도 좋다. 하루에 5～10g을 꾸준히 먹으면 당뇨병을 예방할 수 있다.

Red Food

●**팥** 변비가 있는 사람에게 특히 좋다. 소변의 배출을 도와 부종이 있는 사람이 먹으면 부기를 가라앉히는 효과가 있다.

●**토마토** '토마토가 붉은 계절에는 의사들의 얼굴이 파랗게 질린다' 고 하는 말이 있을 정도로 토마토는 여러 가지로 몸에 좋다. 토마토는 오래 전부터 비만, 고혈압, 당뇨병 등의 식이요법에 사용되었을 정도로 다른 과일에 비해서 영양이 우수하다. 특히 비타민 C는 100g 중에서 21mg 이상이나 함유하고 있어서 피로회복은 물론이고 체력을 기르는 데도 도움을 준다. 또 토마토는 혈관을 튼튼하게 하여 혈압을 내리는 역할을 하여 고혈압 환자에게도 유익하다.

●**대추** 몸을 따뜻하게 하여 냉증이 있는 여성들에게 좋다. 오랫동안 꾸준히 먹으면 안색이 좋아지고 몸이 가벼워진다. 또 우울증이나 불면증에도 효과가 좋다. 대추에 있는 비타민류나 식이섬유 등은 노화방지와 항암효과에도 좋다.

●**고추** 캡사이신 성분이 풍부하여 혈액순환을 돕는다. 매운맛이 지방을 분해하기 때문에 다이어트에도 효과적이다.

●**붉은 양파** 노화방지 효과가 뛰어나고, 강장효과가 뛰어나다.

●**레드와인** 대표적인 서양의 슬로 푸드로 오랜 기간 숙성하여 맛을 내기 때문에 몸에 더욱 좋다. 꾸준히 마시면 항암효과와 더불어 노화방지에 좋다. 특히 심장병의 예방과 치료에 효과적이다.

경제적이고 효율적인 쇼핑 노하우

재래시장이 많이 없어진 요즘에는 일주일이나 열흘에 한 번 대형마트에 가서 장을 보는 경우가 많다. 과잉구매를 줄이려면 요리를 하면서 필요한 재료를 메모해 두었다 필요한 것들만 사도록 하자. 보다 경제적이고 효율적인 쇼핑 노하우를 소개한다.

보통 밀가루나 간장, 참기름, 식용유, 설탕같이 오래 두어도 괜찮은 식재료는 여분의 것을 사두는 것이 좋다. 반면 채소는 일주일 분량만 사두는데 채소마다 보존 기간이 다르므로 채소의 분량을 잘 조절해서 구입한다.

종류에 따라 보관 방법도 다른데 당근이나 셀러리 등은 씻지 않고 신문지에 말아서 싸두면 좋다. 피치 못하게 많이 산 재료는 조리를 해서 보관하는 것도 방법이다.

달걀 값이 천차만별인 이유가 무엇일까?

달걀은 일반란, 기능성란, 가공란, 영양란, 등급란 등 그 종류도 다양하다. 기능성란이란 닭에게 주사를 놓아 면역 능력을 가질 수 있도록 한 것으로 비싼 것은 한 개에 5천원 하는 것도 있다. 이러한 기능성란은 날로 먹어야지 익혀 먹으면 효과가 없다.

영양란은 영양소가 담긴 사료를 산란 15일 전에 주는 경우인데, 목초란, 셀레늄란, 요오드란 등으로 영양소에 따라 이름을 붙인다. 등급란은 농협 등급판정소에서 등급을 매기는 것으로 1등급, 1+1등급이 좋으며 2등급은 일반란과 다를 것이 없다고 한다.

유정란은 방사해서 키운 닭에게서 얻는 달걀로 부화가 가능한 것인데, 영양학적으로는 별 차이가 없지만 무정란보다 덜 가공된 느낌을 주어 주부들이 선호하고 있다.

신선한 날치알 고르기

날치알의 가격은 원료가 얼마나 좋고 신선한 것이냐의 문제도 있지만 작업 과정에서 얼마나 공정을 가했느냐 하는 것도 중요한 기준이 된다.

신선한 날치알은 알이 크면서 투명하고 황금색 광택이 나는 것이다. 알 전체에 잡티나 비늘이 없는 것, 우윳빛을 띄는 미숙란이 적은 것, 알이 포도송이처럼 붙어 있는 것이 아니라 잘 떨어지는 것으로 선택하여 냉동보관해 둔다.

유기농산물 고르기

요즘은 유기농 농산물 코너를 따로 마련하고 있는 추세. 일반농산물 보다 20~30% 가격이 높은 유기농농산물은 농산물 품질관리위원회에서 제시한 기준에 따라 저농약, 무농약, 전환기 유기농 농산물, 유기농산물로 등급을 나누어 판매하고 있으므로 구입할 때 마크와 생산자의 이력(재배자, 연락처)이 있는지 체크하는 것이 좋다.

국산 굴비 고르기

조기를 소금에 절여서 통째 말린 것을 굴비라고 하는데, 그중에서 유명한 것이 영광 굴비다. 국산 참조기로 말린 굴비는 가슴지느러미, 배지느러미, 뒷지느러미가 선명한 황금색을 띠며, 배 부분도 황금색이다. 주둥이 부분은 붉은색을 띠는데 생선살은 하얗고 대체적으로 몸집이 작으면서도 살이 탄탄한 느낌을 준다.

이에 비해 중국산 부세를 말려 굴비라고 파는 것은 비늘 크기가 상대적으로 작고 대체적으로 몸집이 커보이고 살이 푸석푸석한 편이다. 잘 구분해서 사도록 한다.

만들기 쉬운 반찬

끼니 때마다 음식 만들기에 오랜 시간을 들인다면 생각만 해도 고역이다.
매끼 음식을 안 먹을 수는 없지만 매끼 음식을 안만들 수도 없는 일.
쉽게 만들어 멋진 상을 볼 수 있는 인기반찬들로 꽉 채웠다. 입맛 까다로운
가족들도 만족해할 만한 맛깔스러운 반찬이다. 시간 있을 때 기본양념이나
재료들을 미리 손질해 놓아 조리 시간을 절약할 수 있는 팁과, 요리하느라
힘 빼지 않으면서 맛있게 차려내는 노하우도 있다.

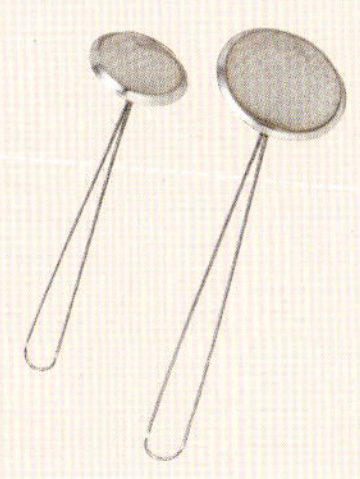

가자미화이트소스찜

가자미전에 화이트소스를 뿌리고 표고버섯과
양파를 넣어 은근히 익히는 찜요리다

가자미	400g
양파	1/2개
표고버섯	2장
당근	조금
밀가루·치즈가루	적당량
레몬	1/2개
달걀물	1개분
소금·흰후춧가루	조금씩
파슬리가루	조금
식용유·버터	조금씩

화이트소스
버터 4큰술, 밀가루 3큰술
우유 1컵 반, 육수 1컵

1 재료를 손질한다

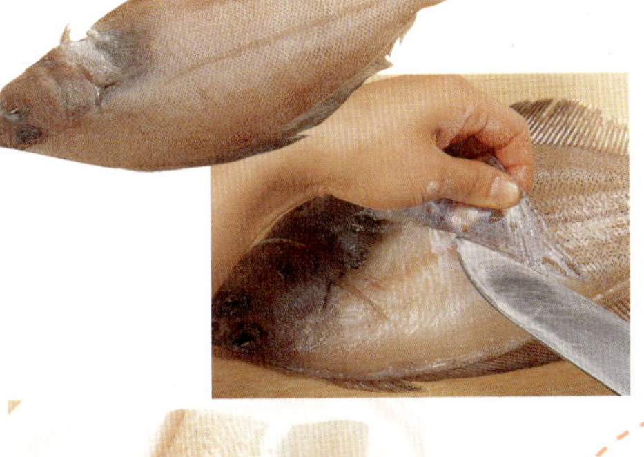

1 가자미는 껍질을 벗기고 적당한 크기로 포를 뜬다. 양파는 가늘게 채썰고, 표고버섯은 기둥을 떼고 먼지를 털어 채썬다. 당근은 얇게 저며 썬다.

2 포 뜬 가자미는 레몬즙을 뿌리고 소금, 후춧가루로 밑간한다.

Cooking SOS!

화이트소스 만들기

버터를 두르고 밀가루를 갈색이 나지 않을 정도로 살짝 볶아 육수를 부어 곱게 풀고, 우유를 부어 농도를 맞추면 됩니다.

2 화이트소스를 만든다

화이트소스를 만들어 치즈가루와 소금, 흰후춧가루를 넣어서 간한다.

1 가자미살에 밀가루와 달걀물을 묻히고 달군 팬에 버터와 식용유를 두르고 지진다.

3 소스를 붓고 지진다

2 지진 가자미에 화이트소스를 붓고 채썬 양파와 표고버섯, 당근, 치즈가루를 뿌린 다음 은근히 익힌다.

3 익으면 파슬리가루를 뿌린다.

감자샐러드

알감자가 있으면 껍질째 삶고, 통감자가 있으면 껍질을 벗겨
큼직하게 썰어 삶은 후 소스에 버무린다

1 재료를 준비한다

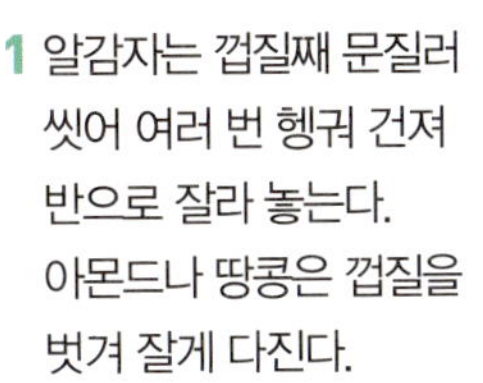

2 브로콜리는 살짝 삶아 두고,
   파슬리가루도 만들어 놓는다.
3 방울토마토는 반 갈라 놓는다.

1 알감자는 껍질째 문질러
   씻어 여러 번 헹궈 건져
   반으로 잘라 놓는다.
   아몬드나 땅콩은 껍질을
   벗겨 잘게 다진다.

알감자 · · · · · · · · · · 150g
땅콩(또는 아몬드) · · · 10알
브로콜리 · · · · · · · · · · 1송이
방울토마토 · · · · · · · 3~4개
소금 · · · · · · · · · · · · 조금

소스
마요네즈 2큰술
생크림 1큰술
파슬리가루 조금

Cooking SOS!

알감자 이용법

알감자는 껍질째 깨끗이 씻어 반으로
갈라 무르도록 삶아 건지고,
마요네즈에 생크림과 파슬리가루를
더해 고소한 맛의 소스를 만드세요.

2 알감자를 끓인다

1 알감자를 냄비에 담고 물을
   자작하게 부은 후 소금을
   조금 넣어 무르도록 끓인다.
2 감자가 익으면 건져 체에
   밭쳐 물기를 걷는다.

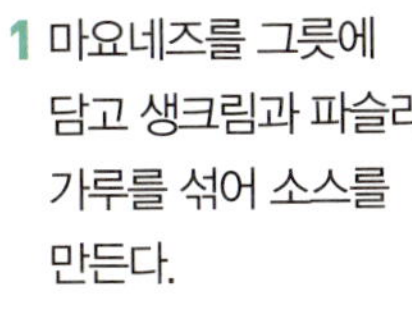

1 마요네즈를 그릇에
   담고 생크림과 파슬리
   가루를 섞어 소스를
   만든다.

3 소스를 만들어 버무린다

2 삶은 감자와 브로콜리,
   방울토마토를 소스로 버무린
   후 잘게 다진 아몬드나
   땅콩가루를 뿌린다.

감자어묵조림

감자와 어묵을 간장과 물엿을 넣은 양념장에 짜지 않게 조리다가
새우가루를 넣어 감칠맛과 영양을 더했다

1 감자와 어묵을 손질한다

1 감자는 깍뚝 썰어 물에 담가 녹말기를 뺀다.

2 물에 담갔던 감자를 소금을 조금 넣은 물에 재빨리 데쳐 찬물에 헹궈 물기를 뺀다.

3 어묵은 네모지게 썰어 끓는 물에 살짝 담가 기름기를 빼고 찬물에 헹궈 물기를 뺀다.

재료 (1인분)

감자 ············ 1/4개
어묵 ············ 25g
새우가루 ········ 1작은술
소금 ············ 조금

조림장

간장 1작은술 반
물엿 1작은술, 다진 마늘 조금
송송 썬 실파 1작은술
청주·참기름·통깨 조금씩
소금·후춧가루 조금씩

15분!

Cooking SOS!

어묵의 기름기를 꼭 빼야 하나?

어묵은 생선살을 기름에 튀겨 낸 것이므로 그대로 음식을 만들면 기름이 돌고 비릿한 맛이 납니다. 기름기를 빼고 청주를 조금 넣으면 훨씬 부드럽고 맛도 좋아져요.

Tip

어묵 고르기

어묵은 상한 것이라도 겉으로 잘 드러나지 않으므로 반드시 믿을 만한 회사의 제품을 고르고 제조일자를 꼭 확인하세요. 진공 포장지를 뜯었을 때 퀴퀴한 냄새가 나면 버리세요.

2 손질한 재료를 조린다

감자와 어묵을 조림장에 조리다가 새우가루를 넣고 소금으로 간을 맞춘다.

감자채볶음

감자채만 볶아도 맛있지만 부추를 함께 넣고 볶으면
영양도 살고 먹음직하다

감자 · · · · · · · · · · · · · 2개
영양부추 · · · · · · · 한 움큼
식용유 · · · · · · · · · · 2큰술
소금·실고추 · · · · · 조금씩

1 재료를 준비한다

1 감자는 중간 정도 크기로 골라 껍질을 벗긴 후 곱게 채썰어 물에 담가둔다.

2 영양부추는 뿌리를 잘라내고 씻어 감자채와 비슷한 크기로 썬다.

Cooking SOS!

채썬 감자를 물에 담가두는 이유는?

감자의 전분을 씻어내기 위해서예요. 이렇게 해야 볶을 때 익기도 전에 타는 것을 막을 수 있습니다. 또 부서지지도 않고 끈적거리지도 않습니다.

2 감자를 볶는다

달구어진 팬에 기름을 두르고 채썬 감자를 넣어 달달 볶다가 감자가 투명하게 익기 시작하면 영양부추를 넣어 가볍게 볶는다.

3 소금으로 간을 한다

Tip

부추 고르는 요령

부추는 3~5월이 제철로 이른 봄 부추가 맛있어요. 어린 것일수록 연하고 맛이 좋으며 너무 크고 억센 것보다 잎이 둥글고 가늘며 작은 것을 고르세요. 부추는 금방 시들고 물러지므로 남기지 말도록. 쓰고 남은 부추는 씻지 말고 팩에 넣어 냉장고 채소칸에 세워서 보관하세요.

감자와 부추가 볶아지면 불에서 내린 후 소금으로 간해 그릇에 담고 실고추를 얹는다.

고구마호두조림

고구마와 호두를 살짝 익힌 다음 간장 양념에 조린다.
조림장을 만들 때 간장과 물을 같은 비율로 섞어야 짜지 않다

재료 (4인분)

고구마 ·········· 400g
호두 ············· 50g
식용유 ·········· 적당량

조림장
간장·물 3큰술씩, 청주 2큰술
참기름·물엿 1큰술씩
저민 생강 2쪽, 설탕 1큰술 반

1 고구마와 호두를 튀긴다

1 고구마는 한 입 크기로 썰고
2 호두는 껍질을 벗겨 끓는 물에 살짝 데쳐낸다.

3 튀김팬에 기름을 붓고 달군 다음 고구마를 노릇하게 튀겨낸다.

Cooking SOS!

모양이 흐트러지지 않게 조리려면?

재료를 미리 삶거나 튀기거나 해서 어느 정도 익힌 후에 약한 불에서 조리면 맛도 좋고 모양도 유지할 수 있습니다.

2 조림장에 조린다

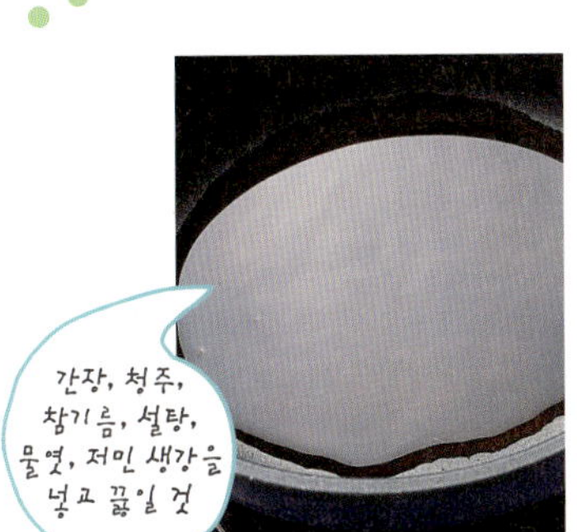

1 분량의 조림장 재료를 고루 섞어 끓인다.

2 끓인 조림장에 튀긴 고구마와 호두를 넣고 윤기나게 조린다.

고등어두반장튀김
두반장으로 양념한 고등어는 비린 생선을
싫어하는 사람에게도 환영받는 반찬이다
403
kcal

1 양념에 잰 고등어를 튀긴다

1 고등어는 3장 포뜨기로 포를 떠서 한 입 크기로 저며 썬 후 소금, 후춧가루, 청주로 재웠다가

2 녹말가루와 물, 달걀흰자를 섞어서 튀김옷을 만들어 입힌 후

3 180℃ 기름에 튀긴다.

재료 (4인분)

고등어	1마리
셀러리	1/3대
대파(흰 부분)	1/2대
붉은고추	1개
생강	15g
마늘	1쪽
소금·후춧가루	조금씩
청주	2큰술
식용유	조금

녹말물
녹말가루 2작은술, 물 1큰술

튀김옷
녹말가루 3큰술
달걀흰자 1개, 물 2큰술

두반장소스
두반장 1큰술, 청주 1큰술
육수 1컵, 간장 1큰술
설탕·식초 1작은술씩
소금 1/4작은술

20분!

Cooking SOS!

3장 포뜨기 방법

생선살 포뜨는 방법 중에서 가장 기본이 되는 포뜨기로 생선의 가운데 뼈를 사이에 두고 뼈를 따라 위판과 아래 판으로 자르는 방법이에요. 뼈 부분까지 모두 3장으로 나뉩니다. 생선가게에 부탁하는 것이 편해요.

2 두반장소스를 만든다

1 셀러리, 마늘, 고추, 생강, 대파를 다진 후 팬에 기름을 두르고 볶다가

2 두반장소스 재료를 넣어서 끓인다.

3 소스의 맛이 어우러지면 녹말물을 조금씩 넣어 걸쭉하게 만든다.

3 소스를 끼얹는다

튀긴 고등어를 접시에 담고 두반장소스를 끼얹는다.

굴두부동그랑땡

비타민과 무기질이 풍부해 성장기 아이들에게 좋은 굴.
동그랑땡 위에 박아 지져 주면 굴을 안먹던 아이들도 잘 먹는다

굴	200g
두부	1모
실파	2~3뿌리
당근	1/4개
양파	1/3개
달걀노른자	1개
굵은 소금	조금
레몬	1/3개
밀가루	3큰술
식용유	5큰술
소금·양념간장	조금씩

1 재료를 준비한다

2 두부는 흐르는 물에 씻고 면보자기에 싸서 물기를 짜면서 곱게 으깬다.

1 굴은 옅은 소금물에 살살 흔들어 씻어 체에 건진 후 레몬즙을 뿌려 놓는다.

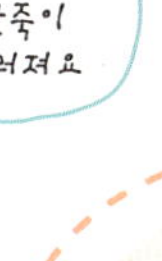

3 실파는 송송 썰고, 당근과 양파도 잘게 다져 놓는다.

Cooking SOS!

굴이 미끄러지지 않게 하려면?

동그랑땡의 윗면에 밀가루를 묻히고 가운데 부분을 숟가락으로 눌러 오목하게 한 후 그 속에 굴을 넣으면 굴이 미끄러지지 않습니다.

30분!

2 반죽을 한다

으깬 두부에 실파와 당근, 양파, 달걀노른자와 소금을 넣어 반죽을 한다.

3 밀가루를 묻혀 지진다

반죽한 두부는 동그랗게 모양을 만든 후 한 면만 밀가루를 살짝 묻히고 굴을 박아 지진다.

굴꼬치구이

산성식품인 굴과 알카리성 식품인 레몬이 어울려
영양의 균형을 맞춘 건강음식이다

1 굴을 대꼬치에 끼운다

1 굴을 깨끗이 손질하여 체에 담아 흐르는 물에 살살 씻은 다음 물기를 빼고
2 긴 대꼬치에 여러 개씩 끼운다.

굴(알이 굵은 것) ··· 300g
레몬 ············· 1/3개
소금·식용유 ······ 조금씩

구이양념장

간장 2큰술, 설탕 1/2큰술
다진 파 1/2큰술
깨소금·참기름 1/2큰술씩
고춧가루 1/2큰술
다진 마늘 2작은술
생강즙 1큰술
후춧가루 조금

2 레몬, 파, 마늘을 준비한다

1 레몬의 반은 얇게 썬다.

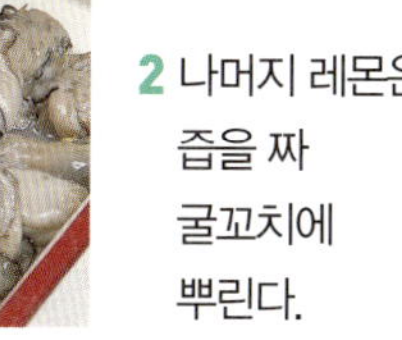

2 나머지 레몬은 즙을 짜 굴꼬치에 뿌린다.

Cooking SOS! 20분!

굴의 효능

굴은 혈액을 생성하거나 생성된 혈액을 맑게 해주며 소화도 잘 될뿐 아니라 성인병에도 좋습니다. 특히 자양강장제로 손꼽히는 식품이지요.

3 양념장을 발라 굽는다

1 그릇에 분량의 구이양념 재료를 섞어 양념장을 만들어 두고
2 내열접시나 그릴 팬에 기름을 바르고 굴꼬치를 얹어 양념장을 고루 바른 후
3 중불에서 10분간 굽는다.

굴미역무침
굴과 미역을 초간장에 무쳐 산뜻하다.
미삼의 쌉쌀한 맛이 입맛을 돋운다
71
kcal

1 해물을 손질한다

2 미역은 끓는 물에 소금을 넣고 파랗게 데친 후 한 입 크기로 썰어둔다.

1 굴은 껍질이 붙어 있지 않도록 잘 골라낸 후 소금물에 흔들어 씻어 건져둔다.

굴 ·············· 120g
물미역 ·········· 100g
미삼 ············· 100g
붉은고추 ·········· 1개
소금 ············· 조금

초간장
간장 2큰술, 식초 2큰술
물 2큰술, 설탕 1큰술
레몬즙 1작은술

Cooking SOS!

굴을 깨끗하게 손질하는 방법

찬 소금물에 헹구듯이 굴을 씻어 껍질과 잡티를 가려내세요. 굴을 무즙 속에 넣어 가볍게 주무른 다음 흐르는 물에서 무즙을 씻어내고 체에 밭쳐 물기를 빼도 됩니다.

2 재료를 준비한다

1 미삼은 씻어 꼭지를 자른 다음 자잘한 뿌리와 몸통을 나누고

2 붉은고추는 반을 갈라 씨를 빼고 채썰거나 잘게 다진다.

3 초간장에 무친다

1 그릇에 분량의 양념을 넣고 골고루 섞어 초간장을 만들어
2 큰 그릇에 손질한 미역, 굴, 미삼 등을 모두 넣고 초간장으로 버무린다.

김치마무침

1 재료를 준비한다

1 마는 껍질을 벗겨낸 후 3cm 길이로 썰어서 다시 0.5cm 두께로 채썰고

2 배추김치는 속을 털고 4cm 길이로 채썬다.

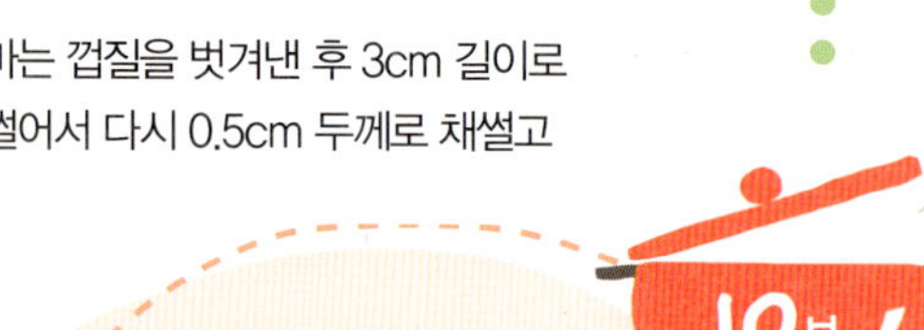

Cooking SOS!

맛 살리는 요령

김치는 채썬 후 꼭 짜서 국물을 없앤 후 무치세요. 국물이 많으면 질척거려 맛이 없어요. 참기름은 나중에 넣어야 더 고소한 맛이 납니다. 바삭하게 구운 김을 부숴 얹으면 맛도 좋고 보기도 좋아요.

2 양념장을 만든다

간장, 설탕, 참기름, 깨소금, 다진 마늘, 고춧가루를 섞어서 양념장을 만들어 둔다.

3 양념장에 버무린다

손질한 김치와 마를 한데 담고 양념장으로 고루 버무린 다음 그릇에 담는다.

가끔은 색다른 재료를 섞어 가족의 건강을 챙기는 것도 주부의 지혜.
웬만한 재료는 시장이나 대형 마트에서 쉽게 구입할 수 있다

김치부침개

김치와 양파는 어느 집에나 있는 재료. 거기에 돼지고기나 베이컨,
쇠고기 등 고기류가 있으면 얼른 반죽해서 예쁘게 부쳐 내놓는다

1 재료를 썬다

1 김치는 물기를 완전히 없애고 송송 썰어 놓고

2 양파는 가늘게 채썰며
3 실파는 송송 썰고
4 베이컨은 1cm 폭으로 잘게 썬다.

재료 (4인분)

김치	1/2포기
양파	1/2개
실파	8개
베이컨	4장
부침가루·얼음물	1컵씩
식용유	적당량

초간장

간장·식초·설탕 2큰술씩
다진 실파 1큰술

Cooking SOS!

10분!

재료 준비할 시간이 없을 때

재료 살 시간도 없고, 무엇을 만들어야 할지 얼른 떠오르지 않을 때 김치부터 꺼내 놓고 시작하세요. 양파와 고기류가 들어가면 더 맛있겠죠. 냉장고에 있는 재료 모두 꺼내서 잘게 다져 넣고 반죽해서 부치기만 하면 됩니다.

2 반죽을 만든다

1 그릇에 부침가루와 얼음물을 넣고 고루 섞어준 다음
2 준비한 김치와 양파, 실파, 베이컨을 섞는다.

3 반죽을 지진다

1 팬을 달구어 기름을 둘러준 다음 반죽을 한 국자씩 떠놓고 지져
2 초간장을 곁들인다.

김치삼겹살찜

삼겹살은 미리 양념해 두고, 김치국물과
다시마 우린 물로 찜국물을 만든다

1 삼겹살을 양념에 잰다

1 삼겹살은 얄팍하게 한 입 크기로 썬다.

2 얇게 썬 삼겹살을 고기양념에 버무려 재워 둔다.

재료 (4인분)

삼겹살 · · · · · · · · · · 400g
배추김치 · · · · · · · · 1/2포기
대파 · · · · · · · · · · · · 1대

찜국물
김치국물 1/2컵
다시마 우린 물 1/4컵

고기양념
고추장·간장 1큰술씩
다진 마늘 1큰술
설탕·고춧가루 1작은술씩
다진 생강·후춧가루 조금씩
참기름 조금

25분!

Cooking SOS!

신김치가 없을 때는

고춧가루, 마늘, 참기름, 식초, 설탕 등으로 김치를 양념하여 찜을 하면 신김치와 비슷한 맛을 낼 수 있습니다.

2 국물을 만든다

1 배추김치는 5cm 길이로 잘라 그대로 냄비에 펼쳐 담는다.

2 김치국물에 다시마 우린 국물을 합해서 찜국물을 준비한다.

3 찜을 한다

재워 둔 삼겹살을 배추김치 위에 얹고 대파를 굵게 채썰어 올린 후 찜국물을 붓고 센 불에서 찜을 한다. 반 정도 익어가면 불을 줄여 은근히 익혀 참기름으로 마무리한다.

김치참치동그랑땡

송송 썬 김치 ····· 1/2공기
참치통조림 ········ 1/2통
대파 ············ 1/2대
달걀 ············· 1개
소금 ············ 조금
식용유 ·········· 2큰술
돈가스소스 ···· 1작은술 반

1 재료를 준비한다

1 통조림 참치는 체에 밭쳐 기름기를 뺀다.

2 김치는 송송 썰어 물기를 짠다. 대파도 송송 썬다.

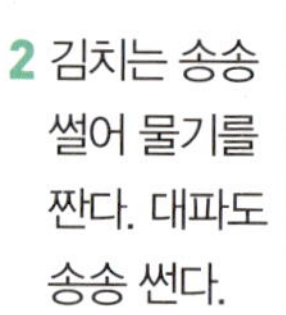

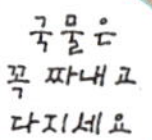

Cooking SOS!

다른 재료를 더 추가하려면?

동그랑땡은 다진 재료들을 치대어 만드는 것이므로 어울릴 만한 재료라면 뭐든지 됩니다. 두부, 파, 양파, 당근, 버섯 등을 넣어주면 영양상으로도 더 좋고 맛도 더 풍부해집니다.

2 달걀물에 반죽한다

김치와 참치, 대파를 그릇에 담고 달걀물을 넣어 반죽한 후 소금 간을 하여 동글게 빚는다.

3 동그랑땡을 지진다

1 팬에 기름을 두르고 반죽을 앞뒤로 뒤집어가며 지진다.

2 접시에 김치참치 동그랑땡을 담고 돈가스소스를 끼얹는다.

먹다 남은 참치통조림으로 김치찌개만 끓여 먹지 말고
동그랑땡으로 화려하게 변신시켜 보자. 단숨에 명품 반찬이 된다
435
kcal

다시마튀각

다시마 20cm 크기 · · · 2장
식용유 · · · · · · · · · · 적당량
설탕 · · · · · · · · · · · 1큰술
소금 · · · · · · · · · 1/2작은술
통깨 · · · · · · · · · · · · 조금

1 다시마를 준비한다

1 다시마는 젖은 거즈로 흰 가루 부분을 깨끗하게
닦아낸다.
2 손질한 다시마를 5cm 길이로 굵게 잘라 준비한다.

Cooking SOS!

다시마 표면을 닦는 이유?

흰 가루에는 맛을 내는 성분이 들어 있는데
그냥 흐르는 물에 씻어버리면 다시마의
맛이 빠져버리므로 젖은 거즈로 표면의
흰 가루와 먼지만 닦아내세요.

2 다시마를 튀긴다

잘라 놓은 다시마는 180°C의 튀김기름에
넣어 바삭하게 튀겨낸 뒤 기름을 뺀다.

3 설탕 뿌려 맛을 낸다

1 기름을 뺀 튀각에 설탕, 소금,
통깨를 솔솔 뿌려 맛을 낸다.
2 튀겨낸 다시마는 밀폐용기에
보관해 두고 먹는다.

Point

바삭바삭 고소하게 씹히는 다시마튀각은 끼니마다 먹어도 물리지 않는다.
습기가 들어가면 쉽게 눅눅해지므로 밀폐용기에 잘 보관해야 한다

99
kcal

달걀찜

부드럽게 찐 달걀찜 하나만 있어도 식탁에 얼른 앉고 싶어진다.
가다랭이 우린 물을 써서 맛이 더 깊고 풍부하다

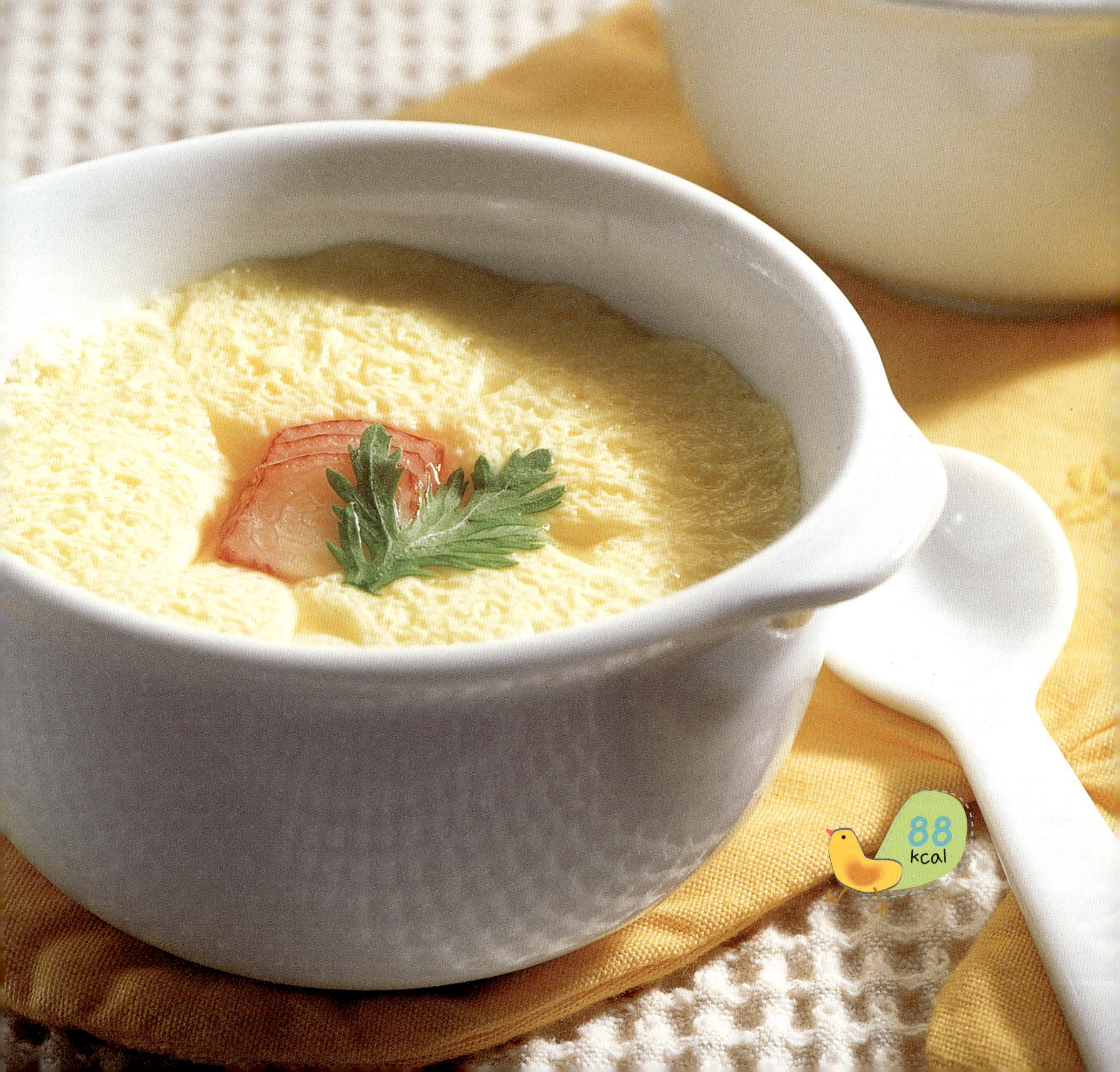

재료 (3인분)

달걀 · · · · · · · · · · · · · 1개
가다랭이 우린 물 · · 1큰술 반
(또는 다시마 우린 물)
청주·어묵 · · · · · · · · 조금씩
소금 · · · · · · · · · · · 적당량
쑥갓잎 · · · · · · · · · 2~3장

1 달걀물을 푼다

달걀을 곱게 풀어 가다랭이 우린 물을
붓고 청주와 소금으로 간한다.

2 달걀물을 붓는다

찜그릇에 달걀물을
7~8할쯤 붓고
뚜껑을 덮는다.

Cooking SOS!

가다랭이를 끓이지 않는 이유

끓는 물에 잠시 넣었다 건지는 것이
가장 좋은 방법입니다.
오래 끓이면 텁텁하고 제맛이
나지 않아요.

15분!

2 달걀물이 어느 정도 익었을 때 어묵과
쑥갓잎을 얹은 후 약한 불에서 5분 정도
더 익힌다.

3 찜통에 찐다

1 김이 오른 찜통에
달걀물 부은
찜그릇을 넣고
중불 이하에서
5분 정도 찐다.

달걀치즈말이

달걀말이에 치즈를 넣어 특별한 맛을 내는 영양 반찬.
뜨거울 때 먹어야 더 맛있다

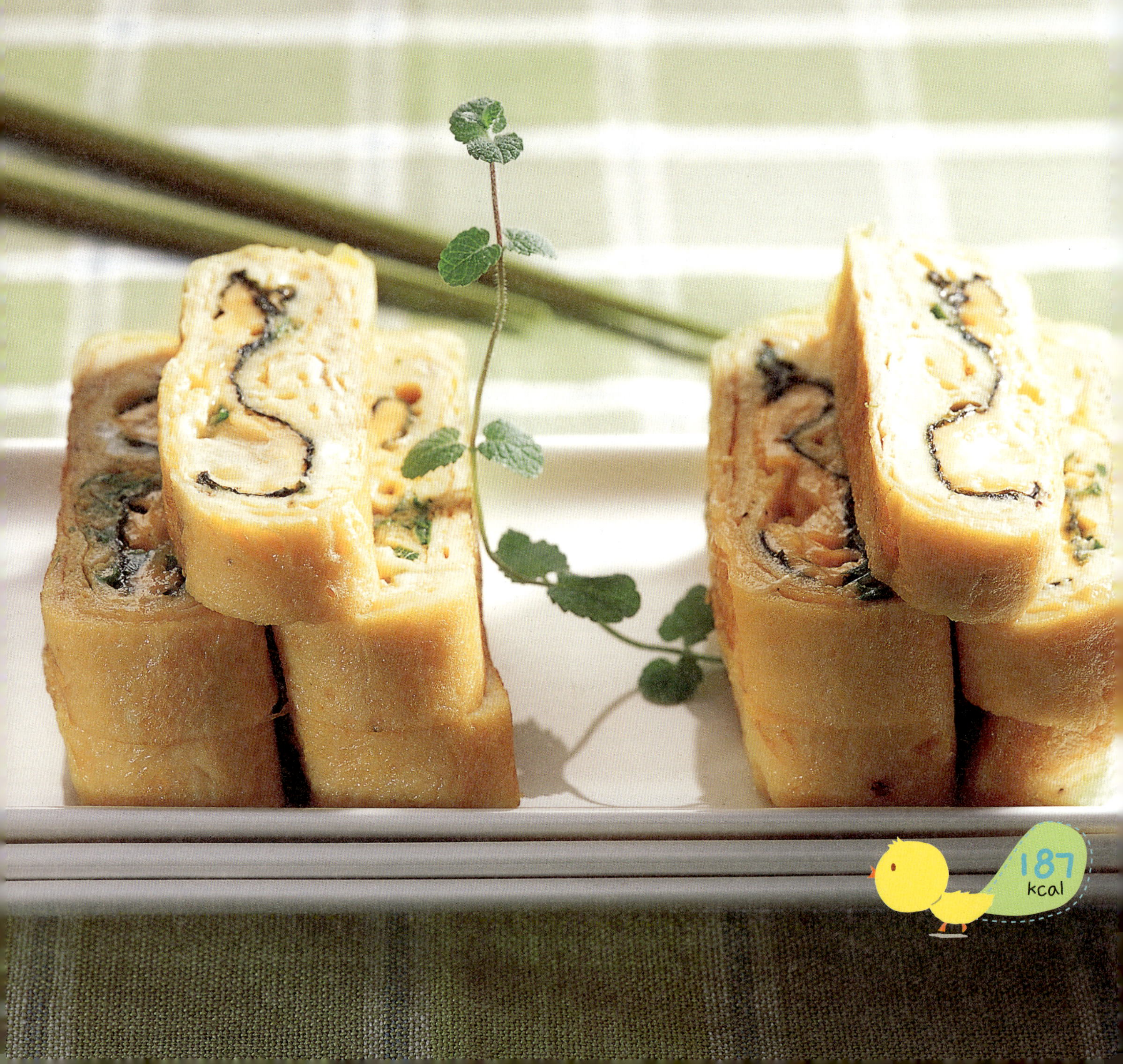

187 kcal

1 달걀물을 만든다

달걀은 알끈을 제거하고 체에 내려 다시마 우린 물과 우유, 청주, 소금, 흰후춧가루를 넣어서 간을 맞추고 잘 섞는다.

재료 (4인분)

달걀	4개
슬라이스치즈	2장
피자치즈	30g
송송 썬 실파	2큰술
김	1장
다시마 우린 물	2큰술
우유·청주	1큰술씩
흰후춧가루·소금	조금씩
식용유	적당량

2 치즈를 썬다

슬라이스치즈는 알맞게 다지고 피자치즈는 넓적하게 썬다.

Cooking SOS!

달걀말이를 할 때 주의사항

좀 센 불에서 익히는 것이 좋아요.
이때 달걀물을 2~3번에 나누어 붓고
재빨리 익혀 가면서 말아 주세요.
다 익은 다음에 말면 달걀말이가
단단해지고 볼륨감이 없어집니다.

3 김말이한 달걀이 익으면 달걀말이를 들추고 남은 달걀물을 마저 부어서 골고루 익혀가면서 도톰하게 만다. 속까지 은근히 익혀 적당히 썬다.

3 달걀말이를 만든다

1 팬에 기름을 두르고 달군 후에 달걀물을 반만 부어 센 불에서 반만 익힌다.

2 반만 익은 달걀 위에 슬라이스치즈와 피자치즈를 골고루 얹고 실파를 뿌린 후에 김을 올려 돌돌 만다

달래오이생채

시간도 없고 음식 만들기도 귀찮은 날,
냉장고 속 자투리 채소에 양념장을 끼얹어 생으로 즐겨보자

1 채소를 준비한다

1 달래는 뿌리 속의 단단한 부분을 떼어내고 깨끗하게 씻어 알맞은 길이로 썰어 찬물에 담갔다가 건진다.

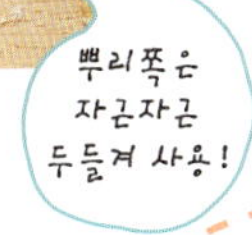

2 오이는 얄팍하게 썰고 고추는 가늘게 채썬다.

재료 (4인분)

달래 · · · · · · · · · · · · 80g
오이 · · · · · · · · · · · · 1개
풋고추·붉은고추 · · · · 2개씩

생채양념장

고춧가루·고추장 1큰술
물엿·설탕 1큰술씩
다진 파·다진 마늘 1큰술씩
생강즙 1작은술
식초 1큰술, 깨소금 조금
소금·참기름 조금씩

Cooking SOS!

고추장의 텁텁한 맛이 싫으면?

고추장의 텁텁한 맛이 싫을 경우에는 고추장 대신 간장으로 양념해 보세요. 고추를 썰어 넣고 고춧가루를 조금 넣으면 칼칼한 맛을 낼 수 있습니다.

2 양념장을 만든다

생채양념장을 분량대로 골고루 섞는다.

3 버무린다

물기를 뺀 아삭한 채소를 상에 내기 직전에 생채양념장으로 버무린다.

닭매운찜

국물이 거의 없이 조리듯 찐 닭요리. 닭고기 기름을 떼내고 끓는 물에
살짝 데쳐서 조리하면 냄새도 나지 않고 더 부드럽게 잘 익는다

1 재료를 준비한다

2 생강과 마늘은 저미고, 마른 고추는 가위로 잘라 씨를 털어낸다.

1 토막낸 닭고기를 끓는 물에 데쳐 건진다.

3 양파, 당근, 감자는 먹기 좋은 크기로 썰고 표고버섯은 어슷하게 썬다.

재료 (4인분)

닭(중) ·········· 1/2마리
양파·감자 ······· 1/2개씩
당근 ··········· 1/3개
표고버섯 ··········· 2장
대파 ············· 1대
생강 ··········· 1/2톨
마늘 ············· 2쪽
마른 붉은고추 ········· 1개
식용유 ·········· 2큰술

찜양념

고춧가루·청주 1큰술씩
물 3/4컵, 설탕 2큰술
간장 3큰술, 참기름 1작은술
소금·후춧가루 조금씩

Cooking SOS!

닭고기로 찜을 할 때 향신채소를 먼저 볶는 이유

향신채소를 볶아 향이 돌게 한 다음 닭고기를 볶으면 향신채소의 맛이 돌아 누린내도 나지 않고 겉도는 기름도 빠져 담백한 찜 요리가 됩니다.

30분!

2 양념장에 조린다

1 기름을 두른 후 마늘과 생강, 대파, 마른 고추를 먼저 볶다가

2 닭고기를 볶으면서 고춧가루로 버무려 매운맛을 살린다. 채소와 버섯, 청주를 넣은 후 물을 붓고 센 불에서 끓이면서 간장을 넣고 중불로 줄여 뚜껑 덮고 찜을 한다.

3 마무리 한다

국물이 자작해지면 소금과 설탕, 후춧가루, 참기름으로 맛을 살린다.

닭살고추장볶음

기름기가 없어 맛이 담백한 닭가슴살은 손질하기도 쉽다.
매콤한 양념에 재워 채소와 함께 굽듯이 바싹 볶는다

1 재료준비를 한다

1 닭가슴살을 삶아 한 입 크기로 찢는다.

2 양파는 굵게 채썰거나 큼직하게 썰고 고추와 대파는 송송 썬다.

닭가슴살 ········· 300g
양파 ············· 1/4개
풋고추·붉은고추 ···· 1개씩
대파 ·············· 1대
식용유 ·········· 적당량

고추장양념

고추장 3큰술
간장·참기름 1작은술씩
물엿·다진 마늘·청주 1큰술씩
소금·후춧가루 조금씩

Cooking SOS!

닭 냄새가 나지 않게 조리하려면?

생강즙, 파, 마늘 등 향신채소에
재워 놓았다 조리하면 됩니다.
속까지 익을 수 있도록 닭살 군데군데에
칼집을 넣는 것도 잊지 말고요.

40분!

2 고추장양념을 만든다

1 분량의 재료를 섞어 고추장 양념을 만든 후
2 닭가슴살에 넣어 고루 버무려둔다.

3 양념해서 볶는다

1 식용유를 두른 팬에 양파와 고추를 볶다가
2 양념한 닭가슴살을 넣어 굽듯이 바싹 볶는다.

떡불고기볶음

떡볶이는 만드는 법이 여러 가지가 있지만 고기와 궁합을 맞출 때 가장 맛있다. 양념한 쇠고기와 함께 볶는 영양 만점 떡볶이다

떡볶이떡	500g
쇠고기(불고기감)	200g
양파	1/2개
표고버섯	3장
당근	1/2개
대파	1대
참기름	1큰술

고기양념

간장 2큰술, 설탕 1큰술
참기름·통깨 1작은술씩
다진 마늘 1큰술

떡볶음장

고추장·물 1큰술씩
케첩 1작은술, 설탕 1/2큰술
깨소금·후춧가루 조금씩

1 재료를 준비한다

1 떡볶이떡을 알맞은 길이로 썰어 끓는 물에 삶아 건져서 참기름에 버무린다.

2 표고버섯은 채썰고, 양파와 대파는 길게 어슷 썬다. 당근은 곱게 채썬다.

Cooking SOS!

떡이 굳었을 때는?

끓는 물에 삶아 건져 참기름을 발라두면 됩니다. 굳은 채로 그냥 볶으면 떡이 속까지 익지 않아 말랑하지가 않고 양념이 배지 않아 맛도 없어요.

30분!

2 쇠고기를 양념장에 무쳐 재워 둔다

쇠고기는 불고기감으로 준비해서 양념장에 무쳐 재워 둔다.

3 떡볶음장을 만들어 볶는다

1 떡볶음장을 분량대로 섞어 양념장을 만든다.

2 냄비에 밑간한 쇠고기, 표고버섯, 당근, 양파, 대파를 넣어 살짝 익힌 후 떡을 넣고 서서히 볶는다.

3 거의 익으면 떡볶음장을 넣어 고루 볶아 맛을 낸다.

도미양념구이

도미를 토막내지 않고 양념장을 발라가며 속까지 익힌
고급 인기 반찬이다

1 재료를 준비한다

1 도미의 내장을 빼고 흐르는
  물에 씻어 앞뒤로 칼집을 내고
2 청주와 소금을 뿌려 1시간쯤
  재워 둔다.

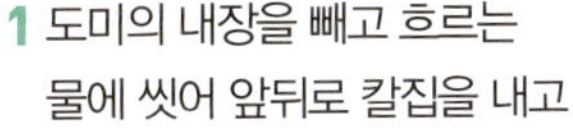

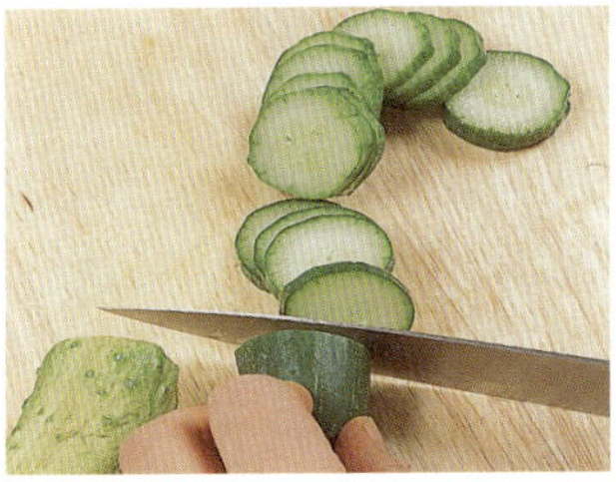

3 오이와 당근을 얇게 썰어
  단촛물에 담가 맛을 들인 후
  건져 물기를 꼭 짜 놓는다.

도미(중) ·········· 1마리
오이·당근 ······· 1/2개씩
소금 ··········· 2큰술
청주 ··········· 4큰술

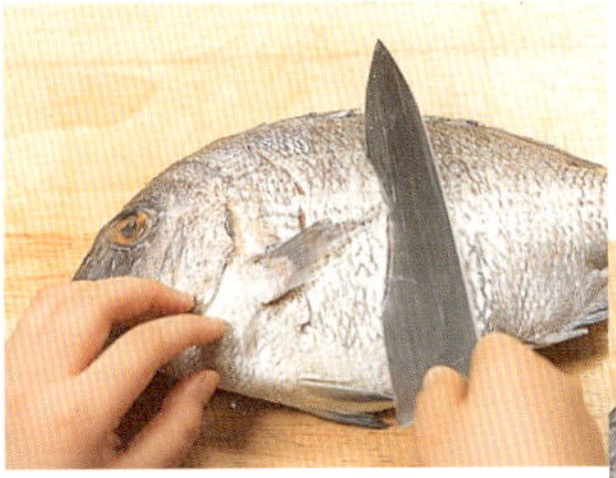

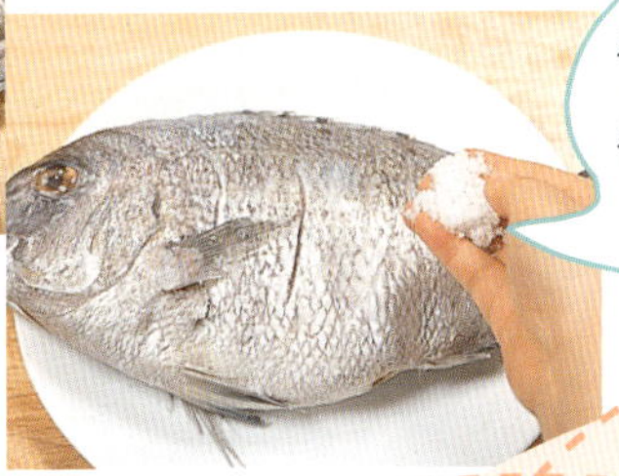

단촛물
식초 3큰술, 설탕 2큰술
소금 1/2작은술, 물 2큰술

양념장
고추장 2큰술
설탕·청주 1/2큰술씩
다진 파 1/2큰술
다진 마늘 1/2큰술
깨소금·참기름 조금씩

Cooking SOS!

40분!

도미의 성분

도미는 신경을 안정시켜 주어
초조감을 덜어주고 몸을 따뜻하게
해 주며 조혈작용을 하기 때문에
손발이 차거나 저혈압인 사람에게
좋은 생선입니다. 또 지방질이 적어
다이어트식으로 많이 쓰이죠.

2 양념장을 만든다

재료를 분량대로
섞어 양념장을
만든다.

3 도미에 양념장 발라 굽는다

1 밑간한 도미를 쿠킹호일로 싼 후 석쇠에
  놓아 속까지 익도록 애벌구이하고
2 다시 양념장을 발라가며 타지 않게 구워
  채소초절임과 함께 접시에 담는다.

도미양파조림

포 뜬 도미에 와인양념장을 발라 밑간을 한 후
소스에 살짝 조리면 맛과 향이 독특해서 인기 있다

1 재료를 준비한다

1 도미는 적당한 크기로 포를 떠서 양념장에 재워 놓고

2 양파는 반으로 큼직하게 잘라 양념장에 재운다.

3 래디시와 대파는 가늘게 채썬다. 채썬 대파는 물에 담가 매운맛을 뺀 후 건져둔다.

재료 (4인분)

도미 · · · · · · · · · · · 600g
양파 · · · · · · · · · · · · 1개
래디시 · · · · · · · · 4~5개
대파 · · · · · · · · · · · · 2대
식용유 · · · · · · · · · 적당량

도미양념장
와인 2큰술
소금·후춧가루 조금씩

양파양념장
간장 1큰술
청주·마늘즙 1/2큰술씩
후춧가루 조금

조림소스
유자청 2큰술
생강즙 1작은술, 설탕 3큰술
청주 2큰술, 간장 3큰술

50분!

Cooking SOS!

도미는 어떻게 손질해야 하나요?

비늘을 긁어내고 아가미를 벌려 내장을 제거한 다음, 배에 칼집을 넣어 내장을 잡아당깁니다. 도미 머리는 국물을 낼 때나 조림을 할 때 넣어서 쓰면 됩니다.

2 조림소스를 만든다

재료를 분량대로 섞어 조림소스를 만든다.

3 굽고 조린다

1 양념에 잰 도미를 200°C 오븐에 10분 동안 굽는다.

2 팬에 기름을 두르고 양파부터 익히다가 구운 도미를 넣고 조림소스를 뿌려 조린 후

3 채썬 대파와 래디시를 곁들여낸다.

도토리묵무침

도토리묵에 각종 채소를 곁들여 새콤달콤한 간장드레싱을 끼얹어 먹는다. 상큼한 맛이 전채요리로 좋다

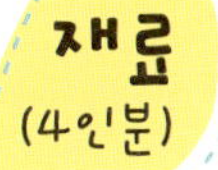

도토리묵 · · · · · · · · · 150g
시금치 · · · · · · · · · · 100g
쪽파 · · · · · · · · · · · 3뿌리
붉은 양배춧잎 · · · · · · 2장
붉은고추 · · · · · · · · · 1개
소금 · · · · · · · · · · · 조금

오리엔탈간장드레싱

간장 2큰술, 참기름 1작은술
다진 마늘 1작은술
청주·설탕·식초 1큰술씩
깨소금 1작은술
다시마 우린 물 3큰술

1 도토리묵을 준비한다

도토리묵은 모양칼로 나무젓가락 굵기로 썬다.

Cooking SOS!

도토리묵을 부서지지 않게 썰려면?

칼에 물을 묻혀 썰고, 살살 흔들면서
칼을 빼면 부서지지 않습니다.
올록볼록한 모양칼로 썰면 훨씬
잘 썰어집니다.

2 채소를 준비한다

1 시금치는 다듬어 데쳐 놓고,
2 쪽파는 송송 썰어 찬물에
   헹구고
3 붉은 양배추는 곱게 채썰고
4 붉은고추는 반을 갈라 씨를 뺀 후에
   곱게 채썬다.

3 드레싱을 만든다

1 분량의 드레싱
   재료를 섞어
   오리엔탈간장
   드레싱을 만든다.

2 접시에 도토리묵과 시금치, 붉은
   양배추, 붉은고추, 쪽파를 한데 섞어
   담고 오리엔탈간장드레싱을 먹기
   직전에 끼얹는다.

두부구이와 파채무침

두부는 기름 두른 팬에 지져 양념장에 찍어
먹어도 맛있고 김치에 싸서 먹어도 그만이다

1 두부를 손질해 굽는다

1 두부는 흐르는 물에 한 번 헹군 후 물기를 닦고 적당히 자른다.

2 물기를 거둔 두부에 들깨와 소금 1/4작은술 정도를 뿌려 놓는다.
3 두부에 양념이 배면 달군 팬에 올리브오일을 두르고 앞뒤로 뒤집어가며 노르스름하게 굽는다.

재료 (4인분)

두부	1모
대파	2대
양파	1/5개
노란파프리카	1/6개
치커리	조금
들깨	2큰술
소금	1/4작은술
올리브오일	2큰술

파채양념
참기름 1큰술
고춧가루 2작은술
통깨 1/2작은술, 소금 조금

15분 !

Cooking SOS!

두부 보관법

두부는 포장용기에서 빨리 꺼내 조리하기 직전까지 물에 담가 냉장보관 하세요. 담가 놓은 물은 매일 갈아주고요.

2 대파를 양념에 무친다

1 대파는 채썰어 물에 담가 매운맛과 미끌거리는 성분을 없애고 건져 물기를 뺀다.
2 파에 물기가 빠지면 참기름과 고춧가루, 통깨, 소금을 넣어 가볍게 버무린다.

3 두부 위에 올린다

구운 두부 위에 양념한 파채를 올린 후 채썬 양파와 파프리카, 잘게 자른 치커리를 적당히 얹어 장식한다.

Tip

짭짤한 두부구이 만들기

된장 1큰술, 고추장 1큰술, 소금 조금을 섞어 양념장을 만들어 놓고, 두부를 프라이팬에 노릇하게 앞뒤로 지지세요. 지진 두부에 양념장을 발라 잠시 두었다가 다시 기름에 한 번 지져 내면 짭짤하고 매운맛이 살짝 나는 두부구이가 됩니다.

두부선

부드러운 두부에 고기, 채소를 다져 넣고 둥글게 빚어
양념장에 조린 인기 반찬이다

1 두부를 준비한다

3 양파, 당근, 표고버섯은 곱게 다지고 실파는 송송 썬다.

1 두부는 으깨어 물기를 꼭 짜놓고

2 다진 쇠고기는 양념장에 재워 둔다.

두부 · · · · · · · · · · · · 1모
다진 쇠고기 · · · · · · · 100g
표고버섯 · · · · · · · · · · 4장
양파 · · · · · · · · · · · · 1/2개
당근 · · · · · · · · · · · · 1/3개
실파 · · · · · · · · · 2~3뿌리
실고추·잣 · · · · · · · 조금씩

반죽양념
달걀 1개, 다진 마늘 1큰술
잣·참기름·깨소금 1큰술씩
후춧가루·소금 조금씩

고기양념장
간장 2작은술, 참기름 1큰술
후춧가루 조금

두부선양념장
다시마 우린 물 1/2컵
국간장·녹말가루 1작은술씩
설탕 1큰술

2 완자 빚어 지진다

두부와 쇠고기에 다진 채소와 반죽양념을 섞어 둥글게 빚어 노릇하게 지진다.

Cooking SOS!

표고버섯 기둥을 재활용하려면?

표고버섯의 기둥은 버리지 말고 천연 조미료를 만듭니다. 햇볕에 잘 말려서 갈아 두면 찌개나 무침 등 여러 음식의 맛을 내는 데 요긴하게 쓸 수 있지요.

3 양념장을 만들어 조린다

1 다시마 우린 물에 국간장, 설탕, 녹말가루를 분량대로 섞어 잠시 끓인다.

2 양념장이 끓으면 지진 두부를 알맞게 조려 실고추와 잣을 올린다.

두부양념조림

두부와 돼지고기를 매콤한 고추장소스에 조린 두부 요리.
색다른 맛을 즐길 수 있다

1 채소를 준비한다

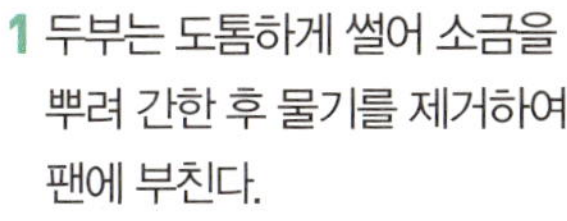

3 고추와 대파는 둥글게 썬다.

1 두부는 도톰하게 썰어 소금을 뿌려 간한 후 물기를 제거하여 팬에 부친다.
2 마늘은 곱게 다져 놓고 생강은 즙을 낸다.

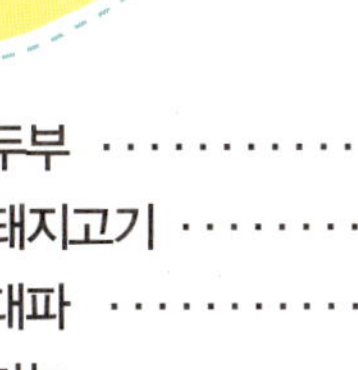

두부 ·········300g
돼지고기 ·······100g
대파 ··········1/4대
마늘 ··········2쪽
생강 ·········1/2톨
풋고추·붉은고추　1/2개씩
고추기름 ········1큰술
소금 ···········조금

고추장소스
고추장 2큰술, 설탕 1작은술
육수 1컵, 생강즙 1큰술
참기름·간장·청주 1큰술씩
식용유 조금

녹말물
녹말·물 1큰술씩

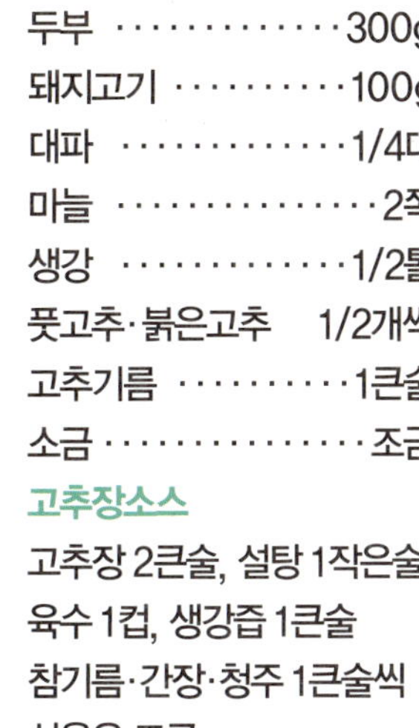

2 돼지고기를 볶은 후 두부와 조린다

Cooking SOS!

참기름을 넣는 이유

요리의 고소한 맛과 윤기를 더해 주기 때문입니다. 참기름은 돼지고기에 포함된 포화지방산을 중화시켜 주는 역할도 해줍니다.

1 돼지고기를 채썰어 생강즙에 재워 둔다.
2 팬에 고추기름을 두르고 대파, 마늘, 고추를 볶다가 밑간한 돼지고기를 볶는다.

3 돼지고기가 익으면 두부와 고추장소스를 넣어 조린다.

3 물녹말로 걸쭉하게 한다

두부와 고기에 고추장 맛이 배면 녹말물을 부어 걸쭉하게 한다.

마늘종굴소스볶음

마늘향이 살짝 돌면서 아작아작 씹는 맛이 좋은 마늘종,
굴소스로 볶아 감칠맛까지 난다

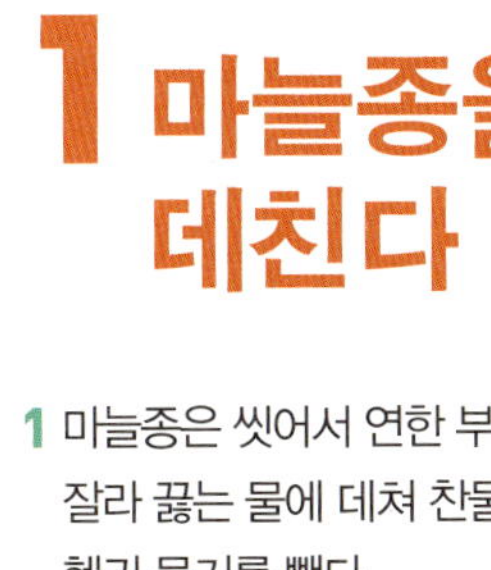

1 마늘종을 데친다

1 마늘종은 씻어서 연한 부분만 잘라 끓는 물에 데쳐 찬물에 헹궈 물기를 뺀다.

2 붉은고추는 씨를 발라내고 깨끗이 씻어 곱게 채썬다.

마늘종 ·········· 200g
붉은고추 ··········· 1개
소금 ············· 조금
깨소금 ············ 조금
식용유 ·········· 적당량

볶음소스
굴소스 1큰술, 간장 1작은술
참기름·설탕 1작은술씩
청주 1작은술, 후춧가루 조금

Cooking SOS!

마늘종을 아삭하고 빛깔 곱게 볶으려면?

마늘종은 달군 팬에 기름을 두르고 살짝만 볶아 얼른 다른 그릇에 쏟거나 그릇째 찬물에 띄우면 빛깔이 누렇게 변하는 것을 막을 수 있어요.

2 볶음소스를 만든다

굴소스 1큰술에 간장, 참기름, 설탕, 청주, 후춧가루를 분량대로 넣어 소스를 만든다.

3 볶음소스로 볶는다

팬에 식용유를 두르고 볶음소스로 마늘종을 볶다가 마늘종에 간이 충분히 배면 고추채를 넣고 버무리고 소금과 깨소금으로 맛을 낸다.

메밀묵김치무침

칼칼하고 담백한 음식을 먹고 싶을 때 그만인 메뉴.
칼로리가 낮아 다이어트 음식으로도 좋다

1 메밀묵을 준비한다

2 묵칼을 이용해 굵게 채썬다.

1 메밀묵은 흐르는 물에 깨끗이 씻어 키친타월로 물기를 닦아내고

재료 (4인분)

메밀묵 · · · · · · · · · · · · · 1모
배추김치 · · · · · · · · · 150g
쪽파 · · · · · · · · · · · · 3뿌리
김 · · · · · · · · · · · · · · · 2장
양파 · · · · · · · · · · · · 1/4개

양념장

간장·다진 마늘 1큰술씩
참기름·깨소금 1큰술씩
고운 고춧가루 1작은술
설탕 1작은술
소금·후춧가루 조금씩

Cooking SOS!

메밀묵 무침을 색다르게 즐기려면?

김치를 제일 밑에 깔고 쪽파, 양파, 묵 순으로 올려 양념장을 끼얹어 먹습니다. 또는 표고버섯을 채썬 후 기름에 볶아서 메밀묵과 곁들여도 독특한 맛이 납니다.

2 부재료를 준비한다

1 배추김치는 국물을 꼭 짠 뒤에 송송 썰고, 쪽파는 1cm 길이로 썬다.
2 양파는 곱게 채썰고 김은 살짝 구워 잘게 부순다.

3 양념장에 버무린다

1 그릇에 양념 재료를 섞어 양념장을 만들어

2 썰어 놓은 김치와 메밀묵, 쪽파, 양파에 넣고 간이 배도록 살살 버무려 무쳐 김가루를 뿌린다.

멸치고추볶음

매콤한 고추와 멸치를 짭조름하게 볶아 놓으면 밑반찬으로 두고 먹기에 좋다. 멸치와 고추를 각각 양념해 따로 볶아야 맛있다

1 꽈리고추를 볶는다

1 고추는 꼭지를 떼고 꼬치로 서너 번 찔러 구멍을 낸다.

2 팬에 식용유를 살짝 두르고 분량의 고추양념을 넣어 새파랗게 볶아 식힌다.

재료 (4인분)

꽈리고추 · · · · · · · · · 100g
멸치(중간크기) · · · · · 100g
식용유 · · · · · · · · · · · 조금

고추양념
소금·다진 마늘 1/2작은술씩
설탕·다진 파 1작은술씩
깨소금·참기름 1작은술씩

멸치양념
간장·다진마늘 1/2작은술씩
고운 고춧가루·설탕·
후춧가루·참기름 1작은술씩
청주 3큰술

20분!

2 멸치를 손질한다

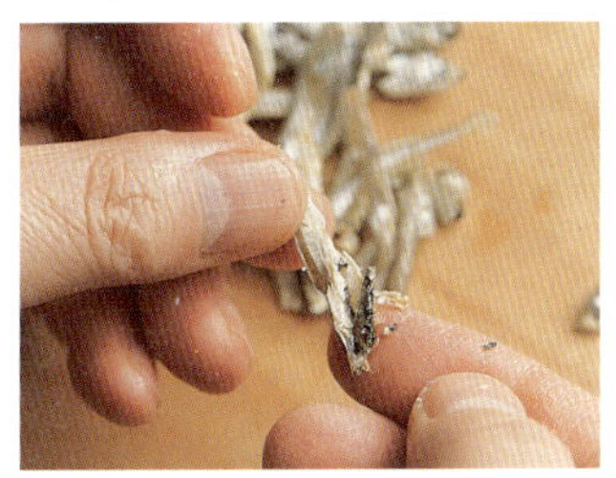

1 멸치는 내장을 제거한 후

2 마른 팬에 볶은 후 체에 담아 먼지와 잡티 등을 흔들어 털어낸다.

Cooking SOS!

고추에 구멍을 내는 이유는?

고추에 양념이 잘 배게 하기 위해서입니다. 멸치는 마른 팬에 볶아 비린내를 없애고 수분을 날린 후 볶음을 하세요.

3 고추와 멸치를 볶는다

1 팬에 식용유를 두르고 손질한 멸치에 멸치양념을 넣어 볶는다.

2 멸치가 충분히 볶아지면 식혀둔 꽈리고추를 넣고 함께 볶는다.

모둠채소굴소스볶음

각종 채소를 굴소스 양념장에 볶은 채소 요리다.
자투리 채소를 활용하면 식비도 절약하고 반찬도 해결

1 재료를 준비한다

2 피망 세 가지는 속살과 씨를 잘라내고
사방 2cm 크기로 큼직하게 썬다.

3 양파는 피망 크기로 썰고
대파와 마늘은 곱게 채썬다.

1 브로콜리는 작게 송이로
잘라 소금 넣은 끓는
물에 살짝 데쳐 찬물에
건져 놓고

4 죽순은 길이로 반을 가른 후
빗살무늬로 잘라 속에 있는 하얀
덩어리를 젓가락으로 빼내고
끓는 물에서 데쳐 낸 후
얇게 저며 썬다.

브로콜리 · · · · · · · · · 150g
파란피망 · · · · · · · · · · · 1개
붉은피망 · · · · · · · · · 1/2개
노란피망 · · · · · · · · · · · 1개
죽순 · · · · · · · · · · · · · 2개
양파 · · · · · · · · · · · · 1/3개
대파 · · · · · · · · · · · · 1/2대
마늘 · · · · · · · · · · · · · 3쪽
소금·식용유 · · · · · 조금씩

볶음소스
굴소스 2큰술, 간장 1/2큰술
참기름 1/2큰술, 청주 1큰술
녹말물 2큰술

Cooking **SOS!**

녹말물의 역할

채소볶음을 하는 마지막에
녹말물을 조금 넣으면 재료들이
잘 어우러지고 부드러운 맛을
더해 줍니다.

3 볶은 재료에 굴소스,
청주, 간장, 소금을 넣고
끓이면서 마지막에
녹말물을 부어 고루
뒤섞은 다음 참기름으로
마무리한다.

2 재료를 볶는다

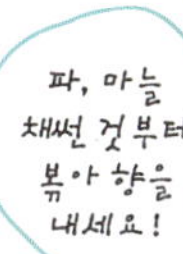

1 오목한 팬에 기름을 두르고
달군 후 채썬 파, 마늘을
볶아 향을 낸 다음

2 죽순, 양파,
피망, 브로콜리
순으로 센 불에서
재빨리 볶는다.

목살두반장찜

도톰한 돼지고기 목살을 두반장소스에 버무려 색다른 맛이 난다.
고구마와 브로콜리를 더해 맛도 영양도 두 배

재료 (4인분)

돼지고기(목살)	400g
고구마	1개
표고버섯	3장
브로콜리	100g

두반장소스

두반장 2큰술
간장·고추장 1/2큰술씩
다진 마늘 1큰술
대파 1대, 생강 1톨, 육수 2컵
후춧가루 조금

1 재료를 준비한다

1 돼지고기는 목살을 도톰하게 썬다.

2 고구마는 큼직하게, 표고버섯은 2등분 한다.

3 브로콜리는 한 입 크기로 떼어놓고 생강은 얇게 저며 썰고 대파는 송송 썬다.

Cooking SOS!

두반장소스를 이용한 요리

두반장은 삶은 대두에 고추, 소금, 식용유 등을 넣어 만든 중국 소스로 우리나라의 고추장 같은 소스라고 생각하면 됩니다. 매콤하면서도 고소한 맛이 납니다.

30분!

2 소스를 만든다

그릇에 두반장소스 재료를 분량대로 섞어 두반장소스를 만든다.

3 소스 넣고 찜을 한다

손질한 돼지고기 목살과 고구마, 표고버섯, 브로콜리에 두반장소스를 넣고 버무려 재워 둔다. 간이 밴 목살은 처음에는 센 불에서 찌다가 약한 불로 줄여 은근히 찐다.

미역게살무침

건미역 ·············· 4g
게살 ·············· 20g
오이 ············· 1/8개
붉은고추 ············ 1개
소금 ·············· 조금

초고추장

고추장·설탕 1작은술 반씩
식초 1작은술 반
다진 마늘 조금
다진 파·레몬즙 1작은술씩
소금 조금

1 재료를 준비한다

1 미역은 물에 불려서 짧게 자른 다음 체에 담고 뜨거운 물을 끼얹어 준비한다.

2 게살은 쪽쪽 찢는다.

3 오이와 고추는 둥글게 송송 썬다.

Cooking SOS!

냉동게살을 해동하려면?

음식을 만들기 2~3시간 전에 미리 냉장실에 꺼내놓아 해동시키는 것이 좋습니다. 급히 해동하려면 포장째 물에 넣어두거나 전자레인지에 살짝 돌리면 되고요.

10분!

2 초고추장을 만든다

분량의 재료를 넣고 초고추장을 만든다.

3 초고추장에 무친다

그릇에 미역과 게살, 오이, 고추를 담고 초고추장으로 맛있게 버무린다.

상큼한 것이 먹고 싶을 때 간편하게 만들 수 있는 요리.
미역, 게살, 오이를 간단하게 손질해 초고추장에 버무리면 완성이다

뱅어포양념구이

칼슘이 풍부한 뱅어포에 매콤한 고추장양념을 발라
석쇠에 굽는다. 밥도둑 밑반찬 중 한 가지

1 뱅어포를 손질한다

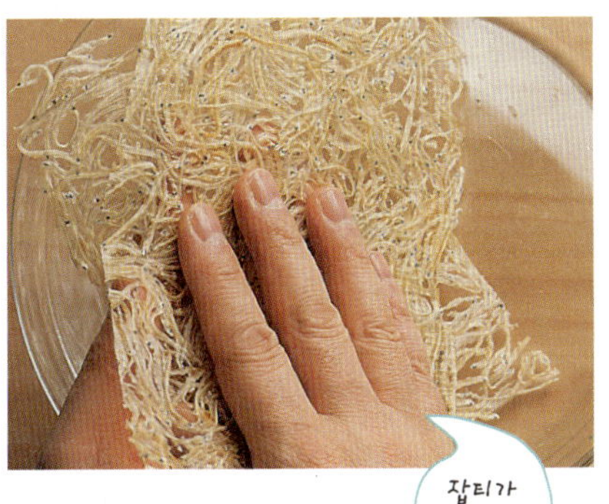

뱅어포를 손바닥으로 비벼
부스러기와 먼지를 털어낸다.

뱅어포 · · · · · · · · · · 10장
양념장
고추장 3큰술, 설탕 1큰술 반
간장 2큰술, 참기름 2큰술
고운 고춧가루 1큰술
물엿 3큰술, 다진 파 3큰술
다진 마늘·깨소금 1큰술 반씩

Cooking SOS!

뱅어포를 타지 않게 구우려면?

양념한 뱅어포를 석쇠에 구울 때는
2장씩 겹쳐놓고 불에서 멀리 떨어져
천천히 구워야 합니다. 또 양념을
발라 잠시 동안 볕에 말리면
굽기가 쉽습니다.

2 양념장을 만든다

고추장 3큰술에 설탕, 간장,
참기름, 고운 고춧가루, 물엿,
다진 파·마늘, 깨소금을
분량대로 섞어 양념장을 만든다.

3 양념장 발라 굽는다

1 양념장을 뱅어포에 고르게 바른 다음
  잠시 재워 두었다가
2 석쇠에 2장씩 겹쳐 앞뒤로 굽는다.
  구워낸 뱅어포는 한 입 크기로 썬다.

버섯자장볶음

3분 자장	2봉지
느타리버섯	100g
표고버섯	4장
대파	1대
양상춧잎	8장
식용유	1큰술
소금·후춧가루	조금씩

1 버섯을 손질한다

1 느타리버섯은 손으로 가늘게 찢고
2 표고버섯은 기둥을 떼고 채썬다.

2 버섯과 대파를 볶는다

대파는 3cm 길이로 채썰어 팬에 기름을 두르고 버섯과 함께 볶는다.

Cooking SOS!

양상추 자르기

손님상에 올릴 때는 손으로 뜯어 놓는 것보다 가위를 이용해 동그랗고 깔끔하게 오리세요. 한 개씩 덜음 접시에 담아 먹기도 편해요.

15분!

3 자장을 넣어 간한다

1 버섯과 대파가 익으면 3분 자장을 넣어 볶다가 소금, 후춧가루로 간해
2 양상추 위에 올린다.

버섯을 자장에 볶아 양상추 위에 올린 간편하지만 멋스러운 음식.
빨리 만들 수 있는 메뉴다

북어풋고추무침

북어포 · · · · · · · · · · · · 80g
풋고추 · · · · · · · · · · · · 3개
실파 · · · · · · · · · · · · 조금
무침양념장
고추장 1큰술
설탕·고춧가루 1작은술씩
다진 파 1큰술
다진 마늘·간장 1작은술씩
깨소금 1/2작은술
참기름·소금 조금씩

1 재료를 준비한다

1 북어포는 알맞은 길이로 잘라 물을
조금 뿌려 부드럽게 만들고

2 풋고추는 어슷 썰어
속씨를 턴다.

Cooking SOS!

북어포를 불리는 방법

통북어는 방망이로 두들겨 물에 6~7시간
정도 불리면 되고, 북어포는 너무 오래
불리면 살이 풀어지고 맛도 빠져 나가므로
흐르는 물에 씻듯이 적시거나
물에 한 번 푹 담갔다 바로 건져 물기를
꼭 짜서 조리하면 됩니다.

2 양념장을 만든다

그릇에 무침양념장 재료를
분량대로 모두 넣어서 잘
섞는다.

3 양념장에 무친다

1 양념장에 북어포와
풋고추를 넣고 골고루
무쳐

2 그릇에 담고 그 위에
실파를 채썰어 올린다.

북어포와 풋고추를 익히지 않은 채 매운 고추장양념으로 무쳤다.
북어포의 포슬포슬한 맛과 풋고추의 아삭아삭 씹히는 맛이 어우러져 한층 맛있다

브로콜리참치볶음

브로콜리와 통조림 참치에 청양고추를 넣어 매콤하게
볶았다. 살짝만 익혀야 더 맛있다

1 재료를 손질한다

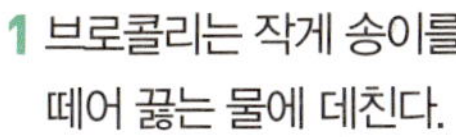

1 브로콜리는 작게 송이를
떼어 끓는 물에 데친다.

2 통조림 참치는 체에
밭쳐 기름을 뺀다.

냉동브로콜리, 냉동참치 해동법

냉동한 브로콜리는 조리하기 20분
전에 꺼내 해동시켜 키친타월에 싸서
물기를 없애면 됩니다.
냉동한 참치는 1시간 전에 꺼내서
실온에 두어 해동하면 되고요.

재료 (1인분)

브로콜리 · · · · · · · · · 60g
참치통조림 · · · · · · · 40g
대파 · · · · · · · · · · 1/2대
붉은고추 · · · · · · · · 1/4개
청양고추 · · · · · · · · 1/4개
소금·후춧가루 · · · · 조금씩
마늘채 · · · · · · · · · · 조금
식용유 · · · · · · · · · 적당량

3 재료를 볶는다

1 팬에 기름을 두르고
붉은고추와 마늘채,
청양고추부터 볶는다.
2 기름에 매운기가 배면
브로콜리를 볶고 참치를
넣어 볶으면서 소금과
후춧가루로 간을 하고
송송 썬 대파를 뿌려
마무리한다.

2 부재료를 준비한다

대파, 붉은고추,
청양고추는 송송 썬다.

비타민냉채

비타민, 방울토마토, 딸기, 삶은 닭살을 냉채소스에
버무려 먹는 신선한 반찬이다

비타민 · · · · · · · · · · 150g
방울토마토 · · · · · · · · · · 5개
삶은 닭살 · · · · · · · · 150g
딸기 · · · · · · · · · · · · · · 3개

냉채소스

발효겨자 1큰술
오렌지주스 1큰술
설탕 3큰술, 식초 2큰술
레몬즙 1작은술
소금·후춧가루 조금씩

1 재료를 준비한다

2 방울토마토는 반으로 갈라 썰고 딸기는 흐르는 물에 씻어 건져 저며 썬다.

1 비타민은 잎을 가닥가닥 떼어둔다.

3 삶은 닭살은 찢어둔다.

Cooking SOS!

비타민은요

일반 어린잎채소와는 달리
겨울철에 특히 많이 나는 채소입니다.
여러 가지 과일, 채소를 섞어서
버무려 먹는 샐러드나 쌈을 싸서
먹는 용도로 많이 활용하지요.

2 냉채소스를 만든다

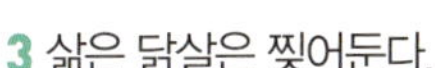

냉채소스 재료를
분량대로 넣고
골고루 섞는다.

예쁜 그릇에 비타민과
방울토마토, 닭살, 딸기를
함께 담고 냉채소스를 뿌린다.

3 그릇에 담는다

삼겹살고추장볶음

삼겹살을 채소와 함께 고추장양념에 볶으면 매콤한 맛이 일품. 청양고추를 넣어 매운맛을 더하면 개운하다

1 재료를 준비한다

1 삼겹살은 먹기 좋게 썬다.

2 양배추는 굵은 심을 도려내고 적당한 크기로 썬다.

3 양파와 대파는 어슷하게 썬다. 고추는 반갈라 씨를 턴 후 곱게 채썬다.

재료 (4인분)

삼겹살	500g
양배춧잎	5장
대파	1대
양파	1/2개
붉은고추	1개
청양고추	1개

고추장양념장
고추장·다진 마늘 2큰술씩
다진 생강 1/4작은술
고춧가루·참기름 1작은술씩
간장·설탕·청주 1큰술씩
후춧가루 조금

20분!

Cooking SOS!

고깃집에서 나오는 파채 만들기

대파를 파채칼로 썰어 찬물에 담갔다가 건져 갖은 양념에 무칩니다. 양념에 달걀노른자를 넣어 무쳐도 고소하고 감칠맛이 납니다.

2 양념장을 만든다

고추장양념장 재료를 분량대로 고루 섞는다.

3 양념에 버무려 볶는다

손질한 삼겹살을 양념장에 버무려 30분 정도 재워 두었다가 손질한 채소와 섞어 볶는다.

삼겹살와인구이
좀 특별하게 만들고 싶다면 삼겹살을 와인에 재웠다가
구워 채소를 곁들여낸다
707
kcal

1 재료를 준비한다

1 삼겹살을 두툼하게 잘라 와인소스에 넣어 하루 정도 재워 둔다.

2 마늘은 저며 썰고 대파는 흰 부분만 채썬다.

재료 (2인분)

통삼겹살	400g
대파	1~2대
마늘	2쪽

와인소스
월계수잎 1장
올리브오일 1/2큰술
화이트와인 1컵
소금·후춧가루 조금씩

쌈장
고추장 1큰술
다진 마늘·된장 1작은술씩
마요네즈 1작은술

Cooking SOS!

삼겹살을 맛있게 구우려면

와인에 재워 놓았던 삼겹살을 덩어리째 팬에 놓고 먼저 겉면을 노릇하게 구워요. 초벌구이한 삼겹살을 얇게 썰어 다시 그릴이나 팬에 구우면 부드러우면서도 바삭한 맛이 납니다.

20분!

2 쌈장을 만든다

재료를 모두 섞어 쌈장을 만든다.

3 소스에 잰 삼겹살을 굽는다

와인소스에 재운 고기를 팬이나 그릴에 구워 먹기 좋은 크기로 썰고, 준비해 놓은 파채와 쌈장을 곁들인다.

상추버섯겉절이

쌈으로 먹는 상추를 액젓 양념으로 버무린 겉절이다.
만들기도 쉽고 맛도 산뜻하다

96 kcal

1 채소를 손질한다

1 상추와 쑥갓은 먹기 좋은 크기로 뚝뚝 자르거나 칼로 썬다.

2 표고버섯은 저며 썰고, 느타리버섯은 살짝 데쳐 손으로 찢는다.
3 양배추와 양파도 곱게 채썬다.

Cooking SOS!

겉절이 간할 때 주의할 점은?

겉절이는 즉석에서 버무려 먹는 것이므로 생채소에 사용할 때는 간을 조금 세게 하여 버무리는 것이 좋습니다. 상추로 겉절이를 할 때는 액젓을 넣어 보세요.

재료 (4인분)

상추 ············· 15장
쑥갓잎 ········· 반 움큼
표고버섯 ·········· 2장
느타리버섯 ········ 80g
양배춧잎 ·········· 2장
양파 ············· 1/3개

겉절이양념

고춧가루 2큰술, 액젓 1큰술
참기름 1큰술 반
다진 마늘 2작은술
물엿 1작은술, 소금 조금

2 겉절이양념을 만든다

넓은 그릇에 고춧가루와 액젓, 참기름, 다진 마늘, 물엿, 소금을 넣어 고루 섞는다.

3 버무린다

준비한 채소와 버섯을 겉절이양념에 버무린다. 간을 보아 싱거우면 소금으로 간을 맞춘다.

새송이버섯된장볶음

새송이버섯과 팽이버섯을 바삭하게 튀겨
된장소스에 볶은 별미 버섯요리

1 재료를 준비한다

1 새송이버섯은 나무젓가락 굵기로 채썬다.

2 팽이버섯은 밑동을 잘라 그대로 준비한다.

3 대파는 채썰어 물에 담갔다가 건지고 붉은고추는 곱게 다져 놓는다.

2 버섯에 밀가루를 입혀 튀긴다

1 손질한 버섯을 그릇에 담고 소금과 밀가루를 뿌려 고루 섞은 후 물을 조금 뿌려 옷이 잘 입혀지도록 한다.

2 튀김옷 입힌 버섯을 끓는 기름에 넣어 바삭하게 튀겨 기름기를 충분히 뺀다.

버섯요리를 더 맛있게 하려면

버섯은 된장과 맛이 잘 어울리는데 튀김옷을 입혀서 튀기면 된장의 강한 맛이 버섯에 지나치게 배어들지 않아서 버섯의 향이 유지됩니다. 번거롭더라도 살짝 튀겨서 볶으면 깊은 맛을 즐길 수 있어요.

3 튀긴 버섯을 볶는다

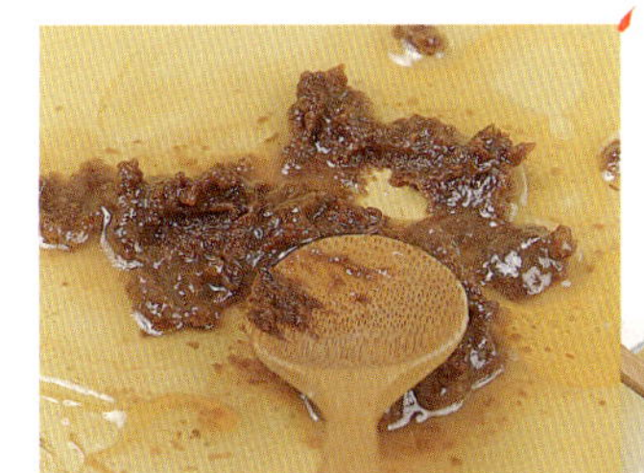

1 된장과 생수, 참기름을 고루 섞어 살짝 볶다가 튀긴 버섯을 넣어 잠깐 더 볶는다.

2 버섯볶음에 대파와 고추를 얹어 장식한다.

소시지케첩조림

비엔나소시지 ······ 150g
파슬리가루 ········ 조금
통깨 ············ 조금
조림장
토마토케첩 3큰술
우스터소스 1큰술
설탕·간장 1작은술씩
후춧가루 조금

1 재료를 준비한다

2 파슬리가루를 만든다.

1 비엔나소시지에 칼집을 넣는다.

Cooking SOS!

파슬리가루를 만들려면?

파슬리를 칼로 곱게 다져서 면보에 싼 다음 물에 헹궈 꼭 짜서 살살 털어 사용하면 됩니다.

2 조림장을 만든다

냄비에 토마토케첩, 우스터소스, 설탕, 간장, 후춧가루를 분량대로 넣고 약한 불에서 끓인다.

3 조림장에 조린다

1 조림장이 끓으면 칼집낸 소시지를 넣고 약한 불에서 볶듯이 조린다.
2 소시지가 완전히 익으면 통깨와 파슬리가루를 뿌려 그릇에 담는다.

소시지는 보통 프라이팬에 구워 주게 되는데, 우스터소스와 토마토케첩으로
조림장을 만들어 조려주면 반찬으로 잘 먹는다

쇠갈비찜

쇠갈비 ·········· 500g

향신채소
대파(잎부분) 2대, 마늘 3쪽
생강 1/2톨

양념장
고춧가루 2큰술, 간장 4큰술
황설탕 1작은술, 물엿 1큰술
사과즙·양파즙 1큰술씩
다진 마늘 1큰술
청주·참기름 1작은술씩
깨소금 1작은술
다진 생강·후춧가루 조금씩

1 쇠갈비를 손질하여 데친다

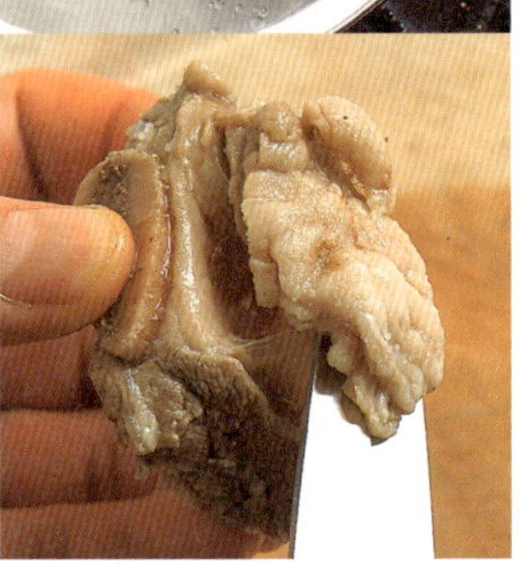

1 쇠갈비는 찬물에 1시간 정도 담가 핏물을 빼고 기름을 떼어낸다.

2 핏물 뺀 갈비는 향신채소를 넣은 끓는 물에 데쳐서 찬물에 헹궈 나머지 기름기를 떼어낸다.

40분!

Cooking SOS!

부드럽고 맛 좋은 갈비 고르기

갈비는 살이 넉넉하게 붙어 있고 선홍색을 띠며 기름이 하얀 것을 고릅니다. 기름덩어리가 너무 많은 것은 피하세요.

2 양념장에 잰다

1 분량의 양념장 재료를 모두 섞어서 끓여 한김 식힌다.

2 식힌 양념장에 쇠갈비를 버무려 1시간 이상 재워 둔다.

3 찜을 한다

양념에 재운 갈비를 냄비에 담고 중불에서 끓이다가 어느 정도 익으면 뚜껑을 열고 약불에서 윤기나게 조린다.

쇠갈비의 기름기를 제거한 후 조리해야 느끼하지 않다.
양념장에 고춧가루를 듬뿍 넣어 매운맛이 강하다

소고기 꼬치구이와 겉절이

고기가 먹고 싶을 때 후다닥 만들어 먹을 수 있는 일품 반찬이다

1 재료를 준비한다

1 등심은 로스 두께로 썰어서 고기양념장에 재워 두고

2 봄동, 달래, 수삼, 더덕, 풋고추, 깻잎은 깨끗이 씻어 각각 채썬다.

재료 (2인분)

쇠고기(등심)	300g
봄동	100g
달래	15뿌리
수삼	1/2뿌리
더덕	1뿌리
깻잎	3장
풋고추	2개
식초·소금	조금씩

고기양념장
간장·포도주 1큰술씩
꿀 1작은술, 후춧가루 조금

겉절이양념장
간장 1작은술
액젓·고춧가루 2큰술씩
다진마늘·깨소금 1큰술씩
설탕 2작은술

2 양념장을 만든다

분량의 재료를 섞어 겉절이양념장을 만든다.

Cooking S☆S!

25분!

등심이 없을 때는?

차돌박이로 대신하세요. 차돌박이는 얇고 기름기가 많은 쇠고기인데, 부드러우면서 고급스러운 맛이 있답니다. 차돌박이는 익힐 때 앞뒤로 살짝만 구워야 제맛이 살아납니다.

3 등심 굽고 겉절이 무쳐 얹는다

1 채썬 채소를 식초와 소금물에 헹군 뒤 겉절이양념장으로 간하여 무친다.

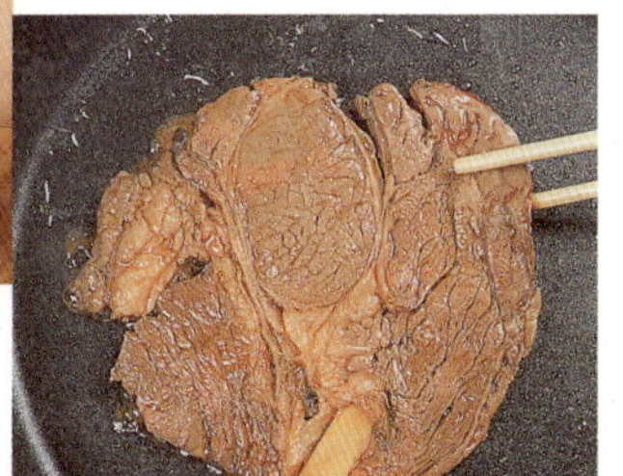

2 양념장에 재워 둔 등심을 구워 그 위에 버무린 겉절이를 얹어 상에 낸다.

쇠고기굴소스볶음

굴소스는 다른 조미료 없이도 요리에 감칠맛을 돌게 한다.
쇠고기나 채소는 미리 밑간해 각각 볶은 뒤 섞어서 살짝만 볶는다

1 재료를 준비한다

1 쇠고기는 한 입 크기로 썰어 소금, 후춧가루, 청주로 밑간한다.

2 애호박은 반달 모양으로 썰어 소금에 살짝 절인다.

쇠고기(등심)	300g
애호박	1/3개
마늘	5쪽
대파	1대
붉은고추	1개
소금	조금

고기양념
소금 1/3작은술
후춧가루 1/2작은술
청주 1큰술

볶음양념
굴소스 1큰술
식용유 2작은술

3 파는 3~4cm 길이로 썰고, 붉은고추도 같은 길이로 채썬다. 마늘은 저며 썬다.

Cooking SOS!

고기와 채소를 따로 볶는 이유

고기는 밑간해 볶아 간이 배어들게 하고 채소는 성질에 따라 넣는 순서를 달리해 볶은 다음 모든 재료를 섞어서 살짝 볶아야 맛이 어우러집니다.

3 굴소스로 마무리한다

쇠고기가 익기 시작하면 분량의 굴소스와 식혀 둔 호박을 넣고 볶는다.

2 재료를 볶는다

1 소금에 절인 호박의 물기를 꼭 짜고 달구어진 팬에 기름을 둘러 살짝 볶아 식혀 둔다.

2 팬에 기름을 두르고 마늘, 파, 고추를 넣어 향이 나도록 볶다가 쇠고기를 볶는다.

쇠고기채소구이

쇠고기와 채소를 기름 두른 팬에 구워낸 다음 데리야끼소스를
끼얹어 낸다. 짜지 않고 맛이 담백해 더 많이 먹힌다

1 채소를 준비한다

1 가지는 3등분한 후 길이대로 저며 썰고 호박도 비슷한 크기로 썬다.

2 양송이버섯은 반으로 썰어
3 달군 팬에 식용유를 두르고 각각 타지 않게 굽는다.

재료 (2인분)

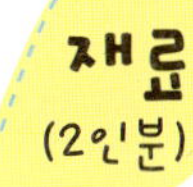

쇠고기(안심) ······ 300g
가지 ············· 1개
호박 ············ 1/3개
양송이버섯 ········ 4개
식용유 ·········· 4큰술
소금·후춧가루 ···· 조금씩

데리야끼소스
진간장 5큰술, 물 1/2컵
참기름 2큰술, 마늘 4쪽
설탕·물엿 2작은술씩
레몬 슬라이스 2조각
소금·후춧가루 조금씩

2 쇠고기를 굽는다

Cooking SOS!

소스는 먹기 직전에 끼얹으세요

레스토랑에서 먹을 수 있는 고급 요리입니다. 버섯, 채소, 고기를 알맞게 구워 접시에 보기좋게 담고 데리야끼소스를 끼얹어 먹는 요리로 소스맛을 제대로 살려야 참맛을 즐길 수 있습니다.

1 쇠고기는 얄팍하게 썰어 소금과 후춧가루를 뿌려 밑간한다.

2 팬을 달군 후 쇠고기를 앞뒤로 뒤집어가며 살짝 굽는다.

1 데리야끼소스 재료를 냄비에 담고 국물이 반으로 졸아들 때까지 조린다.

3 소스 만들어 끼얹는다

2 구운 고기와 가지, 호박, 버섯을 접시에 담고 소스를 끼얹는다.

쇠고기장조림

따끈한 밥에 쪽쪽 찢은 쇠고기장조림을 올려 먹으면 밥이 술술 넘어간다. 쇠고기를 기름기 없는 것으로 잘 고르는 것이 중요하다

1 쇠고기를 준비한다

1 쇠고기는 홍두깨살로 준비해 네모지게 썬다.

2 준비한 쇠고기를 찬물에 담가 핏물을 뺀다.

재료 (2인분)

쇠고기(홍두깨살) ··· 600g
통마늘 ············ 5개
향신채소
대파 1/2대, 통후추 1작은술
생강 조금
장조림양념
간장 1/2컵, 청주 1/2컵
설탕 4큰술, 물엿 2큰술
육수 2컵

2 쇠고기를 애벌 삶는다

1 고기가 잠길 정도로 물을 부은 후 대파, 생강, 통후추를 함께 넣고 끓이다가

2 고기를 찔러보아 핏물이 나지 않으면 고기는 건지고
3 삶은 물은 베보자기에 내려 육수로 사용한다.

Cooking SOS!

고기 속까지 간이 잘 배게 하려면?

쇠고기를 애벌로 한 번 삶아내면 간이 잘 뱁니다. 쇠고기는 젓가락으로 찔러보아 핏물이 나지 않으면 건져내어 양념장에 조리면 됩니다.

2시간!

3 양념장 넣어 끓인다

고기가 반 정도 잠기게 육수를 부은 후 장조림양념을 만들어 넣고 끓인다.

4 통마늘 넣고 조린다

고기에 간장색이 배면 통마늘을 넣고 약불로 줄여 국물이 전체의 1/3 정도가 될 때까지 천천히 조린다.

숙주나물 들깨무침

숙주 ············ 250g

무침양념
들깨가루 2큰술
소금 1작은술, 들기름 1큰술
다진 파·마늘 1큰술씩
고춧가루 1작은술
후춧가루 조금

1 숙주를 손질한다

1 숙주는 다듬어서 끓는 물에 데친 후 찬물에 헹궈 물기 없이 짠다.

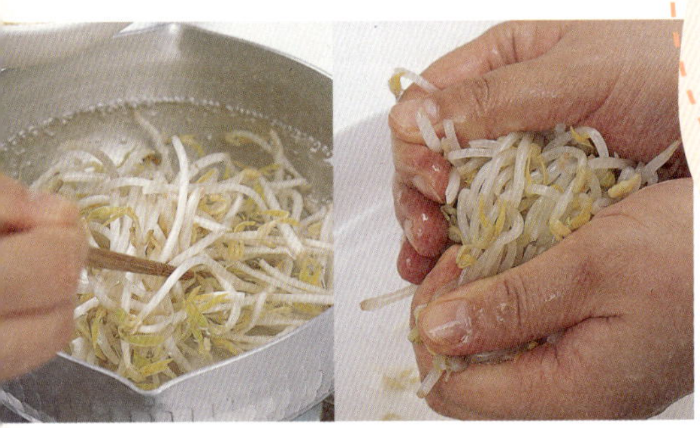

2 물기 짠 숙주를 3~4등분으로 자른다.

숙주나물 다듬기

숙주나물은 뿌리 끝부분만 정리하면 깨끗해집니다. 데칠 때는 물을 조금만 붓고 살짝 데치시고요. 물을 너무 많이 붓고 데치면 맛이 다 빠져 나간답니다. 살캉할 정도만 데치세요.

숙주에 들깨가루, 소금, 들기름, 다진 파, 다진 마늘, 고춧가루, 후춧가루를 넣고 조물조물 무친다.

2 갖은 양념으로 무친다

살캉하게 데친 숙주를 들깨가루로 무쳐 고소한 맛을 살린 영양 반찬이다
74 kcal

쑥갓봄배추겉절이

기름진 음식에 곁들이면 입맛을 개운하게 해준다.
설탕과 식초를 넣어 새콤달콤하게 무쳐 차게 낸다

1 재료를 손질한다

1 봄배추는 한 잎씩 떼고

2 쑥갓은 짧게 잘라 흐르는 물에 씻어 건진다.

재료 (4인분)

쑥갓 · · · · · · · · · · · 100g
봄배추 · · · · · · · · · · 300g

겉절이양념장
붉은고추 3개
고운 고춧가루 1큰술
소금·설탕 1큰술씩
식초 2큰술
물엿·깨소금 1작은술씩
다진 마늘 1큰술, 양파 1/4개
참기름 1작은술

2 겉절이 양념장을 만든다

Cooking SOS!

겉절이 양념하기

겉절이는 너무 짜거나 맵지 않고,
새콤달콤하게 무쳐내는 것이 맛있어요.
무칠 때는 양념이 대강만 묻도록
슬쩍 슬쩍 버무리세요.
그래야 아삭한 맛이 살아있습니다.

1 붉은고추, 양파, 마늘, 설탕을 믹서기에 넣고 고춧가루 탄 물을 조금 부어 곱게 간다.

2 믹서기에 간 양념에 식초와 물엿, 깨소금, 소금, 참기름을 섞어서 겉절이양념장을 만든다.

Point

3 버무린다

준비한 쑥갓과 봄배추를 양념장에 버무린 뒤 냉장고에 넣어 차게 해서 내놓는다.

스팸치즈샐러드

스팸과 치즈, 토마토에 머스터드드레싱을 끼얹은 샐러드.
아이들 반찬은 기본, 술안주로도 좋은 요리

스팸 · · · · · · · · · · · · 100g
페타치즈 · · · · · · · · · · · 50
토마토 · · · · · · · · · · · · 1개
치커리 · · · · · · · · · · · · 15g
머스터드드레싱
올리브오일 1큰술 반
화이트와인 식초 2큰술
머스터드 1/4큰술
설탕 1/2작은술
소금·흰후춧가루 조금씩

1 재료를 준비한다

1 스팸은 캔에서 꺼내어 사방 1.5㎝ 크기로 썰어 체에 담아 끓는 물을 끼얹어 기름기를 제거한다.

2 토마토는 꼭지를 잘라내고 0.5㎝ 두께로 저며 썬다.

3 치커리는 물에 씻은 다음 물기를 털고 먹기 좋은 길이로 썬다.

4 페타치즈는 올리브오일에 담갔다가 건져 놓는다.

Cooking SOS!

치즈 고유의 맛을 즐기려면

치즈의 부드러움을 즐기려면 먹기 1시간 전에 포장을 풀어 실온에 두는 것이 좋습니다. 생치즈는 저온에 두는 것이 좋고요. 치즈는 신선한 제품이기 때문에 가능한 한 보관 기간을 짧게 잡고 구입하세요.

2 드레싱을 만든다

그릇에 올리브오일, 화이트와인 식초, 설탕, 머스터드, 소금, 흰후춧가루를 분량대로 섞어 머스터드드레싱을 만들어 차게 둔다.

3 접시에 담아낸다

접시에 스팸, 토마토 썬 것, 페타치즈, 치커리를 담고 차게 둔 머스터드드레싱을 끼얹는다.

연근고추장조림

연근 · · · · · · · · · · · · 250g
식초 · · · · · · · · · · · · 1큰술
풋고추·붉은고추 · · · 조금씩
소금·통깨 · · · · · · · 조금씩
조림장
고추장 1큰술, 물엿 2작은술
참기름 1/2큰술, 소금 조금

1 연근을 식촛물에 담근다

1 연근은 도톰하게 썰어
식촛물에 담가둔다.
2 풋고추와 붉은고추는
송송 썬다.

2 연근을 데친다

연근을 끓는 소금물에 살짝
데쳐내 찬물에 씻어둔다.

Cooking SOS!

연근조림에서 떫은맛이 나는 이유

연근에는 특유의 떫은맛이 있어요.
요리하기 전에 식촛물에 담갔다
조리거나 끓는 소금물에 살짝 데쳐서
찬물에 씻어 사용하세요.

3 조림장 넣고 조린다

1 팬에 조림장 양념을 넣어
고루 섞은 후 연근을 넣어
가볍게 버무려 조린다.
2 송송 썬 고추와 통깨를
뿌려 마무리 한다.

연근은 조리하기 전 식촛물에 담갔다가 끓는 소금물에 데쳐야 떫은맛이 사라진다.
매운맛이 싫으면 고추장 대신 간장으로 맛을 살린다

연두부버섯볶음

연두부 위에 새우와 버섯 볶은 것을 얹어 맛을 낸 볶음요리.
두반장에 볶았기 때문에 구수하고 혀끝에 매운맛이 돈다

1 연두부와 채소를 손질한다

1 연두부는 적당한 크기로 썰고 양파는 채썬다.
2 고추와 실파는 3cm 길이 또는 잘게 썰고 만가닥버섯은 밑동을 잘라 씻어 둔다.

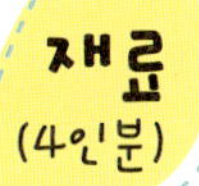

재료 (4인분)

연두부	1모
양파	1/3개
만가닥버섯	1팩
실파	30g
붉은고추	1개
새우	5마리

볶음양념
두반장 1큰술, 간장 1작은술
참기름·식용유 조금씩
다진 마늘 조금

Cooking SOS!

연두부가 부서지지 않게 하려면

연두부는 잘못 다루면 부서지기 쉬워요. 포장한 채로 끓는 물에 살짝 넣었다 꺼낸 후 물기를 쪽 빼고 조심해서 써세요.

2 새우를 손질한다

새우는 씻어 내장을 빼고 껍질을 벗긴다.

3 재료를 넣고 볶는다

1 달궈진 팬에 기름을 두르고 다진 마늘을 볶다가 양파와 새우, 버섯을 넣고 두반장으로 볶으면서 참기름과 간장으로 부족한 간을 한다.
2 마지막에 실파와 고추를 넣어 볶은 후 연두부에 버섯볶음을 올린다.

연배추겉절이

까나리액젓에 버무려 감칠맛이 나면서도 칼칼하다.
오래 두면 물이 생기고 맛이 없어지므로 먹기 직전에 버무린다

1 재료를 손질한다

1 연배추는 한 잎씩 떼어 옅은 소금물에 헹궈 숨만 죽게 해서 채반에 건져둔다.

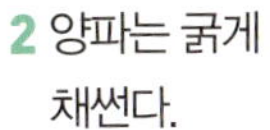

2 양파는 굵게 채썬다.

3 실파는 3~4cm 길이로 썰고
4 붉은고추는 채썬다.

연배추 · · · · · · · · · · 300g
실파 · · · · · · · · · · · · · 5대
붉은고추 · · · · · · · · · · · 1개
양파 · · · · · · · · · · · · 1/4개
소금 · · · · · · · · · · · · · 조금

겉절이양념장

고춧가루 2큰술
까나리액젓 1작은술
설탕·통깨 1작은술씩
다진 마늘 1큰술
다진 생강·소금 조금씩

Cooking SOS!

까나리액젓이 없을 때는?

액젓으로 기본 간을 맞추면 생각보다 훨씬 더 감칠맛이 납니다. 까나리액젓이 없으면 멸치액젓도 괜찮습니다.

2 양념장을 만든다

분량의 재료를 섞어서 겉절이 양념장을 만든다.

3 버무려 완성한다

연배추, 실파, 붉은고추, 양파에 양념장을 넣어 살살 버무린다.

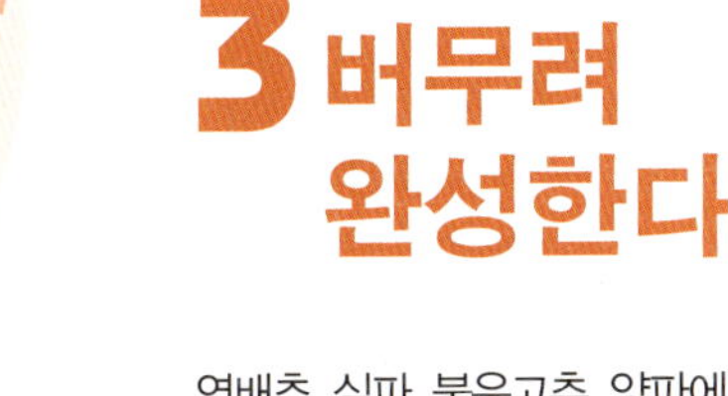

연어된장찜
연어의 독특한 비린맛을 채소와 된장으로 없앴다.
일본된장의 조금 단맛이 생선찜 맛을 좋게 한다
275
kcal

1 재료를 준비한다

1 연어는 토막 낸 것을 사서 소금물에 한 번 씻어 큰직하게 썬다.

2 꽈리고추는 깨끗이 씻어 꼭지를 딴다.

3 당근과 양파는 큼직하게 썬다.

재료 (4인분)

연어 ············· 400g
꽈리고추 ·········· 50g
당근·양파 ········ 50g씩
치커리 ············ 조금
소금 ············· 조금

된장소스
일본된장 3큰술
머스터드 1작은술
청주 3큰술, 참기름 1/2큰술
달걀노른자 1개

Cooking SOS! 20분!

연어살 익히는 요령

채소와 연어를 냄비에 담고 된장소스를 끼얹어 익힐 때 연어가 냄비 바닥에 붙지 않도록 가끔씩 뒤적여 주세요. 그렇지 않으면 연어살이 냄비 바닥에 붙어 떼어내기도 힘들고 다 부서집니다.

2 된장소스를 만든다

소스 재료를 분량대로 섞어 된장소스를 만든다.

3 재료를 익혀 담는다

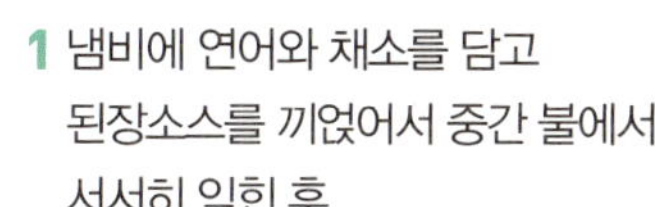

1 냄비에 연어와 채소를 담고 된장소스를 끼얹어서 중간 불에서 서서히 익힌 후
2 접시에 담고 치커리로 장식한다.

오이피클

반찬으로도 면 요리에도 잘 어울리는 오이피클. 피클용 오이에
처음 단촛물을 부을 때는 식히지 않고 부어야 아삭거리는 맛이 난다

1 오이를 절인다

오이는 소금으로 문질러 씻어 물기를 닦고 분량의 소금물을 부어 절인다. 이때 무거운 돌을 얹어 눌러준다.

재료
(4인분)

오이 ············· 10개
소금 ··········· 적당량

소금물
소금 1/2컵, 물 5컵
설탕 조금

단촛물
식초 2컵, 물 5컵, 설탕 1컵

향신채소
대파 10cm 길이 1개
마른 붉은고추 1개
양파·마늘 1개씩
통후추 10알, 월계수잎 2장

2 단촛물을 만든다

Cooking SOS!

오이의 아삭한 맛을 살리려면?

단촛물을 만들어 오이에 부을 때 단촛물을 식히지 않고 뜨거운 상태에서 부으면 오이의 아삭한 맛이 잘 살아납니다. 두 번째 단촛물은 식혀서 부으세요.

1 대파는 큼직하게 토막내 반을 가르고
2 마늘은 편으로 썰고,
3 양파는 채썰고 마른 붉은고추는 2~3조각 낸다.

4 냄비에 단촛물 재료와 준비한 향신채소를 넣고 10분간 중불에서 끓인다.

3 단촛물을 붓는다

1 절여 놓은 오이를 저장용기에 넣은 후 끓인 단촛물을 뜨거울 때 붓고 뚜껑을 닫아 서늘한 곳에 보관한다.
2 3~4일 후에 피클물을 따라내 다시 한 번 끓여 완전히 식힌 후 오이피클에 붓는다. 이 과정을 2~3회 반복한다.

오징어채볶음

1 오징어채를 준비한다

1 오징어채는 먹기 좋게 잘라 체에 넣고 흔들어 부스러기와 먼지 등을 털어내고

2 물에 살짝 씻어낸 다음 물기를 꼭 짠다.

Cooking SOS!

오징어채볶음을 다르게 하는 방법

고추장양념이 아니라 진간장만으로 간을 해 맵지 않게 볶을 수도 있어요. 또 고추나 마늘종 등 쉽게 익으면서도 잘 변하지 않는 채소들을 섞어 볶는 것도 방법입니다.

2 조림장을 만든다

팬에 분량의 조림장 재료를 넣고 끓인다.

3 조림장에 볶는다

조림장이 끓으면 오징어채를 넣고 윤기 나게 볶아 완성한다.

만들기도 쉽고 만들어두면 젓가락이 자주 가는 밑반찬이다.
오징어채는 오래 볶으면 딱딱하고 질겨지므로 양념장을 끓이다 넣는다

오징어깨첩강정

오징어와 땅콩을 잘게 다지고 옥수수알을 섞어서
튀긴 후 소스에 버무린 영양 간식이다

1 재료를 준비한다

1 손질하여 삶은 오징어는 물기를 닦은 다음 콩알 굵기로 잘게 썬다.

2 통조림 옥수수는 체에 담아 물기를 뺀다.
3 양파는 사방 0.5cm 크기로 썬다.

4 껍질 벗긴 땅콩은 굵게 다지고 익힌 풋콩은 반으로 자른다.

재료 (4인분)

삶은 오징어	1마리
통조림 옥수수	3큰술
양파	1/4개
땅콩·익힌 풋콩	3큰술씩
달걀	1/2개
튀김가루	2큰술
녹말가루	5큰술
소금·후춧가루	조금씩
튀김기름	적당량

케첩강정소스
케첩 1/4컵
붉은 포도주·간장 1큰술씩
토마토주스 3큰술
설탕 2큰술

Cooking SOS!

20분!

시간이 너무 오래 걸린다면

아이들이 온 후에 튀기고 조리고 하면 시간이 좀 걸리겠죠. 미리 튀겨 놓았다가 아이들이 오면 바로 소스를 끓여 조려 주세요. 눈깜짝할 새 만들 수 있어요.

2 반죽을 만든다

1 준비한 재료들을 한데 담고 튀김가루와 달걀을 풀어 버무린 다음
2 농도에 맞게 녹말가루를 넣고 소금과 후춧가루로 간을 맞춘다.

3 튀김기름에 튀긴다

1 반죽을 작은 밤알 굵기로 둥글게 떼어
2 튀김기름 온도 170℃에 넣어 두 번 정도 바삭하게 튀긴다.

4 강정소스에 버무린다

분량대로 케첩강정 소스를 만들어 서서히 끓여 농도가 걸쭉해지면 오징어 튀긴 것을 넣고 버무린다.

제육볶음

재료 (4인분)

돼지고기(목살) ······600g
양파 ·············1/2개
대파 ··············1대
붉은고추 ···········1개
식용유 ············조금

양념장
고추장 3큰술
다진 생강 2작은술
청주·설탕 1큰술씩
다진 마늘 1큰술
참기름 1작은술
통깨·후춧가루 조금씩

1 목살과 채소를 준비한다

1 돼지고기 목살은 얇게 자른다.

2 양파는 굵게 채썰고 대파는 어슷 썬다. 붉은고추는 반 갈라서 채썬다.

Cooking SOS!

제육볶음으로 적당한 부위는?

돼지고기 목살은 기름기가 많지 않고 부드러워 양념하여 굽거나 볶는 요리에 적당합니다. 센 불에서 익혀 표면의 단백질을 응고시킨 다음 불을 줄여 속까지 익히는 것이 포인트예요.

20분!

2 양념장에 잰다

그릇에 돼지고기, 양파, 대파, 붉은고추를 담고 양념장을 넣어 조물조물 무쳐 재워 둔다.

3 볶아서 마무리한다

팬에 기름을 두르고 양념에 잰 돼지고기를 볶으면서 통깨로 마무리한다.

Good

고기는 양념에 재웠다가 볶아야 맛이 있다. 채소를 곁들이면 쌈으로 싸 먹어도 맛있다

죽순잡채

통조림 죽순을 이용하면 손질도 쉽고 씹히는 맛도 좋다.
돼지고기, 고추와 어우러진 맛이 별미다

1 죽순을 데친다

2 빗살 모양을 살려서 썬다.

1 죽순은 통조림에서 꺼내 석회분을 젓가락으로 떼어내고 끓는 물에 데쳐

죽순통조림 ········ 100g
돼지고기(목살) ······ 50g
풋고추·붉은고추 ···· 1개씩
녹말가루 ·········· 조금
식용유 ············ 조금

고기양념
다진 마늘 1큰술
다진 파 1/2큰술
청주 1큰술
소금·간장 1/2큰술씩
후춧가루 조금

3 붉은고추·풋고추는 각각 어슷썰기 한 다음 씨를 제거한다.

Cooking SOS!

죽순이 좋은 이유

죽순은 단백질과 비타민, 섬유소가 풍부해 소화기관에 자극을 주지 않으면서 인체 생리에 도움을 줍니다. 따라서 죽순요리를 많이 먹으면 비만을 예방하고 변비 치료에도 효과를 볼 수 있으며 고혈압도 예방해줍니다.

2 돼지고기 양념을 한다

돼지고기는 채썰어 양념을 한다.

3 죽순과 고추를 볶는다

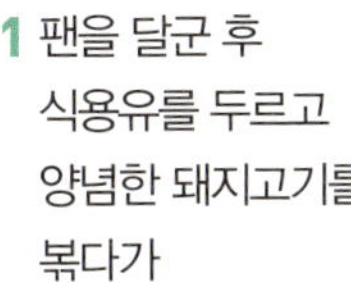
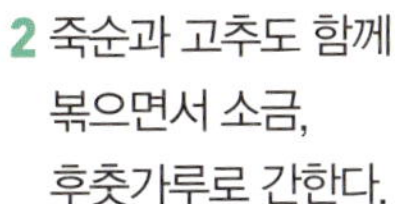

1 팬을 달군 후 식용유를 두르고 양념한 돼지고기를 볶다가

2 죽순과 고추도 함께 볶으면서 소금, 후춧가루로 간한다.

중국식 오이피클

'마라황과' 라고 하는 중국식 오이피클은
어느 음식에나 밑반찬으로 어울린다

1 오이를 손질한다

1 깨끗이 씻은 오이는 5cm 길이로 잘라 4등분한 후 씨를 도려내고

2 분량의 소금물에 담가 2시간 이상 푹 절인다.

3 절인 오이는 물에 한 번 살짝 헹구어 면보에 싸서 물기를 꼭 짠다.

재료 (4인분)

오이 · · · · · · · · · · · · · · 5개
소금 · · · · · · · · · · · · 1큰술
물 · · · · · · · · · · · · · · · · 1컵

소스

두반장 1컵 반, 식초 1/2컵
고추기름 2큰술
마늘 5쪽, 설탕 3/4컵
마른 붉은고추 1개 반
청양고추 2개

3시간!
(절이고 익히는 시간 포함)

Cooking SOS!

마라황과란?

'매운 오이요리' 라는 뜻이에요. 보통 오이피클은 새콤달콤한 맛이 대부분인데 고추기름과 고추를 넣어 한결 상큼하고 개운한 맛이 느껴집니다. 기름기 있는 요리를 먹을 때 아주 맛있어요.

2 소스를 만든다

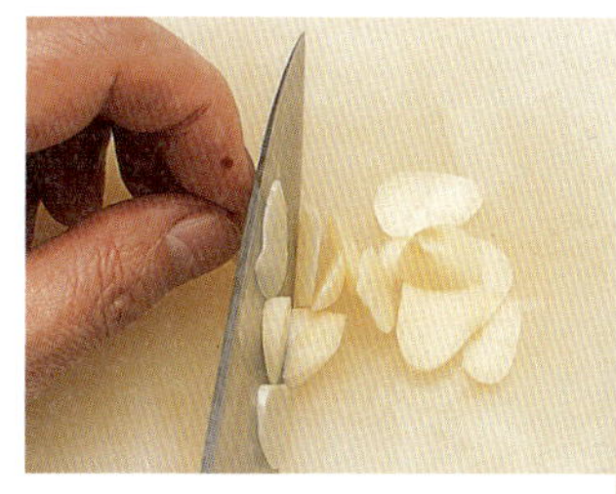

1 소스에 들어가는 마늘은 얇게 저며 썰고 마른 고추는 채썰고 청양고추는 송송 썬다.
2 소스 재료를 분량대로 섞는다.

3 소스를 오이에 부어 익힌다

1 절인 오이에 소스를 넣고 고루 버무린 후 밀봉해서 냉장고에 넣어 익힌다.
2 2일쯤 지나면 맛이 들어 먹을 수 있다. 냉장고에 두고 차게 해서 먹어야 맛있다.

채소스테이크구이

구운 쇠고기와 살짝 데친 브로콜리에
고추장소스를 끼얹은 쉬운 요리다

1 쇠고기 양념해서 굽는다

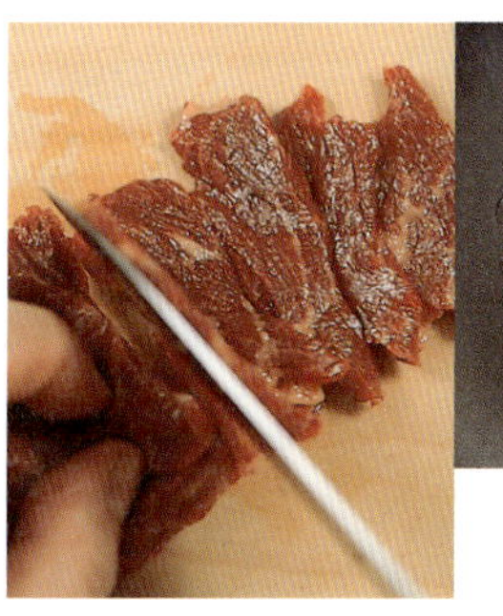

2 마늘을 얇게 저며 기름 두른 팬에 볶다가
3 마늘향이 돌면 밑간한 고기를 굽는다.

쇠고기 · · · · · · · · · · · 150g
브로콜리 · · · · · · · · · · 60g
조랭이떡 · · · · · · · · · · 60g
파란파프리카 · · · · · · · · 1개
붉은파프리카 · · · · · · · · 1개
마늘 · · · · · · · · · · · · · 2쪽
식용유 · · · · · · · · · · · · 조금

고기양념
소금·후춧가루 조금씩
레드와인 2큰술

고추장소스
고추장 3큰술
간장·고춧가루 1큰술씩
토마토케첩·핫소스 1큰술씩
설탕 2큰술, 다진 마늘 조금
소금·후춧가루·깨소금 조금씩

1 쇠고기는 도톰하고 납작하게 썰어 소금, 후춧가루, 레드와인에 재워 둔다.

25분!

Cooking SOS!

브로콜리를 얼음물에 담그는 이유

데친 브로콜리를 그냥 두면 누렇게 변색되고 영양 손실도 생깁니다. 브로콜리를 재빨리 식히기 위해서는 얼음물이 효과적이겠지요.

2 부재료를 준비한다

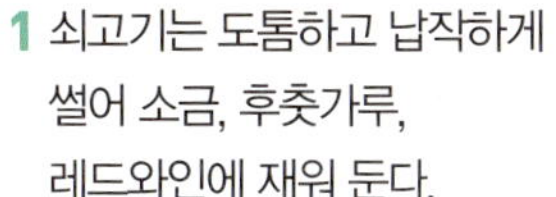

1 브로콜리는 데쳐 얼음물에 담갔다가 물기를 뺀다.

2 조랭이떡은 데쳐서 물기를 제거하고
3 파프리카는 네모지게 썬다.

3 소스를 끼얹는다

1 분량의 재료를 잘 섞어 고추장소스를 매콤하게 만든다.
2 고기와 채소, 떡을 보기 좋게 담아 소스를 끼얹는다.

청경채마른새우볶음

마른새우와 청경채를 볶아 만든 반찬으로
깔끔하고 고소한 맛을 즐길 수 있다

1 재료를 준비한다

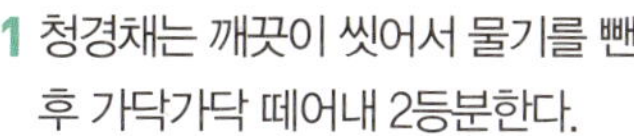

2 마른새우는 따뜻한 물에 20분 정도 불렸다가 건져 굵게 다진다.

1 청경채는 깨끗이 씻어서 물기를 뺀 후 가닥가닥 떼어내 2등분한다.

재료(4인분)

청경채 ·········· 10줄기
마른새우 ········· 1/3컵
식용유 ··········· 조금

볶음양념
다진 마늘 1/2큰술
청주 1큰술
소금·후춧가루 조금씩

30분!

Cooking SOS!

청경채란?

청경채는 중국 요리에 많이 사용하는 채소로 우리의 입맛에도 잘 맞습니다. 통통한 배추 모양에 줄기나 잎은 연한 녹색이며 배추보다 연합니다. 모양대로 쓰거나 밑동을 반 또는 넷으로 갈라서 사용하면 됩니다.

2 마늘과 마른새우부터 볶는다

1 팬에 기름을 두르고 마늘을 볶는다.
2 마늘의 향이 돌면 마른새우 다진 것을 넣어 볶는다.

3 청경채 넣고 볶는다

완성

1 기름에 향이 돌면 청경채 줄기 부분을 먼저 볶는다. 줄기가 적당히 익으면 잎을 넣어 볶으면서
2 청주, 소금, 후춧가루로 간을 한다.

청포묵달래장

야들야들한 청포묵을 향긋한 달래장에 무쳐 먹는 봄철 반찬이다.
고기는 미리 밑간해 둔다

122
kcal

1 재료를 준비한다

1 청포묵은 얇게 떠서 곱게 채썬다. 묵이 굳은 경우 끓는 물에 데친 뒤 차가운 물에 헹궈 채썬다.

2 달걀은 황백으로 나눠 풀어 지단을 부쳐 채썬다.

3 쇠고기는 가늘게 채썰어 고기양념을 한 뒤,

4 기름 두른 프라이팬에 볶아서 식힌다.

Cooking SOS!

청포묵의 원료

청포묵은 녹두 전분으로 쑨 것이에요. 봄철에 미나리, 숙주나물과 함께 초간장으로 무쳐 먹지만 달래장에 무치면 향과 맛이 더 좋습니다. 맛이 부드럽고 맛깔스러워 누구나 좋아하지요.

20분!

2 달래장을 만든다

달래는 뿌리쪽과 잎을 나누어 뿌리가 굵은 것은 칼등으로 두드려 송송 썰고 잎은 1cm 길이로 잘라 초간장에 넣어 달래장을 만든다.

3 재료에 달래장을 끼얹는다

그릇에 준비한 재료들을 돌려 담고 달래장을 끼얹는다.

재료 (4인분)

청포묵	1모
달래	50g
쇠고기(우둔살)	50g
달걀	1개
식용유	조금

고기양념
간장 2작은술, 설탕 1작은술
참기름 1/2작은술

초간장
간장·식초 2큰술씩
물·설탕 1큰술씩

취나물된장무침
산채를 맛있게 먹으려면 간이 잘 맞아야 한다. 된장으로
간을 해 깊은 맛이 있고 영양의 상승효과도 발휘한다
77 kcal

재료 (4인분)

취나물 ·········· 200g
소금 ············· 조금

된장소스
된장 2큰술, 물엿 1/2큰술
설탕·청주 1작은술씩
다진 파 1큰술
다진 마늘 1/2큰술
참기름·깨소금 조금씩
고춧가루 조금

1 취나물을 데쳐 쓴맛을 우린다

2 팔팔 끓는 물에 소금을 조금 넣고 파랗게 데친다.

1 취나물은 억센 잎과 줄기를 잘라버리고 여린 잎만 골라서 줄기째 씻어 건져 놓고

3 데친 취나물은 바로 찬물에 두세 번 헹군 다음 10분 정도 담가두어 쓴맛을 우려낸다.

Cooking SOS!

20분!

취나물 이용법

취나물은 우리나라 전국 산야에 자생하는 산채로 칼륨 함량이 많은 알칼리성 식품이에요. 봄에 나물이나 쌈으로 먹거나 제철에 많이 뜯어 말려 두었다가 겨우내 먹어도 좋습니다. 말린 취는 따뜻한 물에 불렸다가 삶아서 사용하세요.

3 된장소스에 버무린다

완성

2 된장소스를 만든다

된장소스 재료를 분량대로 섞는다.

쓴맛을 우려 낸 취나물의 물기를 꼭 짠 다음 된장소스에 버무린다.

콩나물유부찜

유부와 콩나물은 맛이 잘 어우러진다.
양념이 매콤하면 더 맛있다

190 kcal

1 재료를 준비한다

1 유부는 뜨거운 물에 데쳐 4등분한다.

2 고추는 어슷하게 썰고 대파는 2~3cm 길이로 자른다.

3 콩나물은 머리와 꼬리를 떼고 다듬어 씻는다.

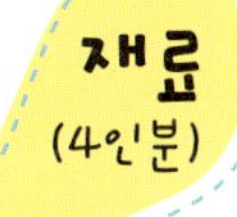

유부 ············1봉지
풋고추·붉은고추 ···1개씩
대파 ·············4대
콩나물 ··········200g
물 ···············1컵

양념장

간장 4큰술, 고춧가루 2큰술
다진 마늘·깨소금 1큰술씩
찹쌀가루·참기름 1큰술씩
생강즙·설탕 1작은술씩

Cooking SOS!

콩나물 삶는 요령

콩나물에 물을 자작할 정도로 붓고 삶는데 다 삶아질 때까지 뚜껑을 열지 않아야 비린내가 나지 않습니다. 콩나물 삶는 냄새가 구수하면 다 된 것입니다.

30분!

2 양념장을 만든다

분량의 재료를 섞어 양념장을 만든다.

3 찜을 한다

1 물을 붓고 콩나물부터 뚜껑을 덮고 끓이다가 콩나물이 익으면 유부, 고추, 파를 넣고 양념장의 반만 섞어 다시 뚜껑 덮어 익힌다.

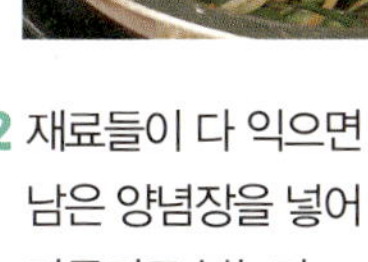

2 재료들이 다 익으면 남은 양념장을 넣어 마무리로 볶는다.

콩나물파채무침

콩나물이 조금밖에 없으면 파를 채썰어 넉넉히 섞어
갖은 양념에 무친다. 훨씬 맛있다

1 재료를 준비한다

콩나물은 씻어 건져 놓고
대파는 곱게 채썰어 물에
담갔다가 건진다.

Cooking SOS!

파채를 물에 담가놓는 이유?

파 특유의 방향성분이 있어 생으로
먹기에 좀 거북한 경우도 있어요. 물에
잠시 담가두면 강한 성분도 좀 가시고
파의 끈적한 성분도 순화됩니다.
또 싱싱한 파채를 즐길 수도 있고요.

Tip

파의 성분
파는 비타민, 칼슘, 철분 등이
풍부하고 몸을 따뜻하게 하
고 위장의 기능을 도와준다
고 합니다. 옛날부터 파는 감
기 기운이 있을 때 악화되는
것을 막아주는 효과가 있다
고 알려져 있어요.

2 콩나물을 찐다

씻어 놓은 콩나물을 냄비에
담고 물을 자작하게 부어
한숨 죽을 정도로만
살짝 찐다.

3 파채와 콩나물에 양념한다

파채에 고춧가루와
다진 마늘, 참기름, 소금,
후춧가루를 넣고 양념한 후
콩나물을 넣어 가볍게
버무린다.

콩 샐러드

강낭콩은 뒷맛이 고소하여 콩을 싫어하는 애들도 잘 먹는다.
드레싱에 버무려 주면 별미다

1 강낭콩을 준비한다

말린 강낭콩은 물에 불리고
날콩은 깨끗하게 씻어 소금을 조금
넣은 물에 무르게 삶아낸다.

재료 (4인분)

불린 강낭콩	1컵
양파	1/4개
방울토마토	6개
파란·붉은피망	1/2개씩
양상춧잎	5장
프렌치드레싱	1/3컵
소금	조금

30분!

Cooking SOS!

콩과 식초의 효과

콩은 피를 맑게 해 혈관을 부드럽게
하고, 노인성 치매도 예방하는 효과가
있어 콩을 많이 먹으면 늙지 않는다고
했어요. 또 식초는 피로가 쌓이지 않게
하고 머리를 맑게 합니다.

Good

2 채소를 준비한다

1 양파는 사방 1cm 크기로
썰고 방울토마토는
4등분한다.
2 피망은 반으로 갈라
속씨를 털어내고 양파와
같은 크기로 썬다.
3 양상추는 씻어
큼직하게 찢는다.

3 프렌치드레싱을 끼얹는다

1 큰 접시에 양상추를 깔고 준비한 재료들을
보기 좋게 담은 후
2 프렌치드레싱 1/3컵을 끼얹는다.
프렌치드레싱은 식초와 올리브오일을 1:3의
비율로 섞고 소금·후춧가루로 간한다.
토마토소스, 겨자즙, 다진 양파나 다진 고추
등을 넣어 맛의 변화를 주면 색다르다.

콩다시마조림

다시마, 흰콩 모두 두뇌발달을 돕는 식품으로
맛과 영양을 최대로 살릴 수 있는 조림 반찬이다

재료
(4인분)

염장다시마 · · · · · · · · 100g
흰콩 · · · · · · · · · · · · · · 1컵
당근 · · · · · · · · · · · · · 30g
통깨 · · · · · · · · · · · · · 조금

조림장
간장 3큰술
다시마국물 3/4컵
청주·설탕 1큰술씩
물엿 1큰술

1 흰콩과 당근을 준비한다

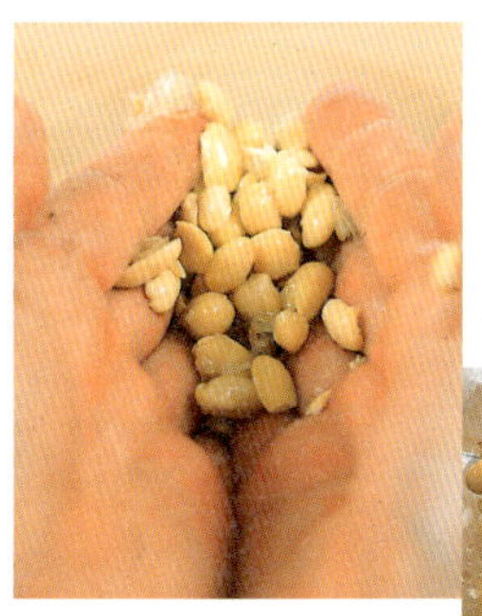

1 흰콩은 돌을 일어내고 씻어 하루저녁 정도 푹 불린다.

2 당근은 껍질을 벗기고 꽃 모양으로 썬다.

2 다시마를 준비한다

1 염장다시마는 3~4cm 길이로 잘라 찬물에 30분 정도 담가 짠맛을 뺀 후
2 매듭으로 묶는다.

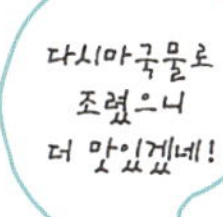

Cooking SOS!

흰콩을 미리 불려두는 이유는?

흰콩을 불리지 않으면 간도 잘 배지 않고 조려도 익지 않을 수 있으므로 콩은 하루 전날 충분히 불리는 것이 좋습니다. 조리면서 생기는 거품은 깨끗하게 걷어내도록 하세요.

3 조림장을 만들어 조린다

1 냄비에 분량의 조림장 재료를 넣고 골고루 섞은 후 흰콩을 넣고
2 중불에서 서서히 끓이면서 떠오르는 거품은 말끔하게 걷어낸다.

3 조림장이 조금 남아있을 때 다시마와 당근을 넣고 서서히 조린 후 통깨를 뿌린다.

토마토베이컨볶음

각종 무기질과 비타민이 풍부한 토마토를
갖가지 채소와 볶아주면 푸짐한 별미 요리로 변신

재료 (4인분)

베이컨 · · · · · · · · · 1장 반
토마토 · · · · · · · · · · · 4개
양파 · · · · · · · · · · · 1/8개
빈스 · · · · · · · · · · · 2큰술
소금·후춧가루 · · · · 조금씩
올리브오일 · · · · · · · 1큰술

1 베이컨을 볶아 기름을 뺀다

베이컨은 먹기 좋게 잘라 팬에 살짝 볶아 기름을 뺀 후 키친타월에 올려 나머지 기름까지 뺀다.

2 재료를 준비한다

1 토마토는 끓는 물에 넣었다 건져 껍질을 벗기고 굵게 썬다.

2 양파는 사방 1cm 크기로 네모지게 썰고 빈스는 끓는 물에 데쳐 1cm 길이로 썬다.

Cooking SOS!

베이컨을 요리할 때 주의할 점

베이컨은 훈제 소금절임이기 때문에 간이 되어 있습니다. 또 기름도 많이 나오므로 구운 다음 반드시 기름을 제거하고 사용해야 음식이 느끼하거나 짜지 않습니다.

3 재료를 볶는다

1 달군 팬에 올리브오일을 두르고 베이컨과 양파를 볶다가

2 토마토, 빈스를 순서대로 넣어 볶은 후에 소금, 후춧가루로 간을 맞춘다.

팽이버섯겉절이

팽이버섯과 양송이버섯 맛을 자연 그대로 살리고
참깨소스로 맛을 더한 영양 반찬이다

1 재료를 손질한다

1 팽이버섯은 가닥이 흐트러지지 않게 밑동을 자른다.

2 양송이버섯은 껍질을 벗기고 2~4등분으로 자른다.

3 손질한 버섯을 끓는 물에 살캉거릴 정도로 살짝 데쳐 찬물에 헹궈 물기를 뺀다.

4 양파는 곱게 채썰어 물에 담가 매운맛을 없앤 후 건져 놓는다.

재료 (4인분)

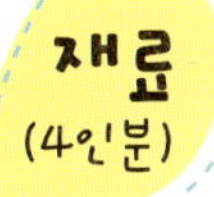

팽이버섯 ·········· 1봉지
양송이버섯 ········· 5개
붉은 양파 ········ 1/5개
양파 ··········· 1/4개

참깨소스
통깨 3큰술, 마요네즈 1큰술
설탕·식초 2작은술씩
소금 1/4작은술

Cooking SOS! 15분!

팽이버섯 제맛 내기

팽이버섯은 향이 조금 진한 편입니다. 소스만 살짝 얹어 먹는 음식에는 버섯의 향이 진한 것도 잘 어울립니다. 밑동을 자를 때는 가닥이 분리되지 않도록 해야 데칠 때 버섯 가닥이 떨어지지 않아요.

2 소스를 만든다

참깨소스 재료를 믹서에 넣어 곱게 간다.

3 소스를 끼얹는다

양파를 접시에 깔고 데친 버섯을 얹은 후 참깨소스를 듬뿍 끼얹는다.

편육깻잎무침

기름기 없이 삶아낸 쇠고기와 갖은 채소를
깨즙소스에 버무린 명품 반찬이다

1 사태를 삶는다

1 사태에 물을 넉넉히 붓고 마늘, 생강, 대파, 청주를 넣어 삶은 후 식혀 둔다.

2 대파는 채썰어 찬물에 담가둔다.

3 식혀 둔 사태, 당근, 깻잎을 채썬다.

재료 (4인분)

쇠고기(사태) ····· 200g
대파 ············ 1/2대
깻잎 ············· 5장
당근 ············· 50g

향신양념
마늘 2쪽, 생강 1톨
대파 1/2대, 청주 2큰술

깨즙소스
통깨 1/3컵
다시마국물 1/3컵
간장·설탕·식초 1큰술씩
소금 1작은술
후춧가루 조금

Cooking SOS!

쇠고기와 깻잎 궁합

고기를 먹을 때는 채소를 곁들여 먹어야 합니다. 그 중에서도 깻잎에는 쇠고기에 부족한 칼슘 등 무기질과 비타민 A, C가 풍부해서 서로 부족한 부분을 보완해 영양의 균형을 잡아 줍니다.

1시간 30분!

완성

---

2 다시마국물을 만든다

1 다시마는 5cm 길이로 잘라 20분 정도 물에 담갔다가 끓이면서

2 다시마가 위로 떠오르면 건져내고 국물은 식혀 둔다.

3 깨즙소스에 무친다

1 먼저 통깨를 분마기에 빻은 후 다시마국물과 소스 재료를 섞어 깨즙소스를 만든다.

2 준비한 재료들을 한데 담아 깨즙소스를 넣고 무친다.

표고버섯쌀가루강정

표고버섯	10개
쌀가루	6큰술
통깨	1큰술
청양고추	1개
식용유	1/3컵

시럽
설탕 5큰술, 물 5큰술

1 표고버섯에 쌀가루를 입힌다

1 표고버섯은 기둥을 자르고 열십자로 4등분해 쌀가루옷을 입힌다.

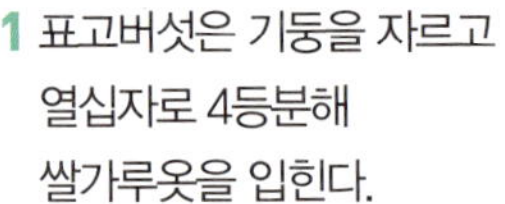

2 쌀가루 입힌 표고버섯을 끓는 기름에 살짝 튀겨 기름기를 뺀다.

Cooking SOS!

시럽 대신 사용할 수 있는 소스

표고버섯은 버섯 중에 맛과 영양이 가장 으뜸이에요. 특유의 감칠맛은 어느 재료와도 잘 어울리는데 설탕으로 만든 시럽 대신 고추장이나 토마토케첩 소스로 버무려도 맛있습니다.

20분!

2 튀긴 버섯강정을 만든다

1 설탕과 물을 오목한 팬에 담고 실이 생길 때까지 끓인다.

2 설탕과 물을 섞어 끓인 시럽에 튀긴 버섯과 통깨를 섞어 강정을 만든다.

3 청양고추를 채썰어 물에 담가 헹군 후 강정에 보기 좋게 얹는다.

표고버섯에 쌀가루옷을 입혀 튀긴 입맛 당기는 반찬이다

풋마늘오징어무침

풋마늘과 오징어를 데쳐 초고추장에 버무려도 좋고
찍어 먹어도 좋은 간편한 반찬이다

1 오징어를 손질한다

2 끓는 물에 소금을 넣고
살짝 데쳐 찬물에 헹궈
물기를 빼준다.

1 오징어는 껍질을
벗겨서 깨끗이 씻은 후,
칼집을 넣어 먹기 좋게
썰고 다리도 칼집을
넣어 썬다.

재료 (4인분)

오징어 · · · · · · · · · · · 1마리
풋마늘 · · · · · · · · · · · 2대
소금 · · · · · · · · · · · 조금
양념장
고추장 3큰술, 식초 2큰술
설탕·물엿 1큰술씩
다진 마늘 1큰술
청주 1작은술, 깨소금 조금

Cooking SOS!

풋마늘이 맛있는 시기

풋마늘은 하지가 지나기 전에 캔 것이
연합니다. 껍질을 벗겨내고 뿌리도
잘라 버린 후 깨끗이 씻어 사용하세요.
대가 굵은 것은 반으로 갈라
사용하시고요.

20분!

2 풋마늘을 손질한다

1 풋마늘은 누런 잎과 뿌리를
잘라내고 흰 부분과
잎 부분을 나누어서
4cm 길이로 썰어
2 소금을 넣은 끓는 물에
삶아 찬물에 여러 번
헹군다.

3 초고추장 양념을 만들어 버무린다

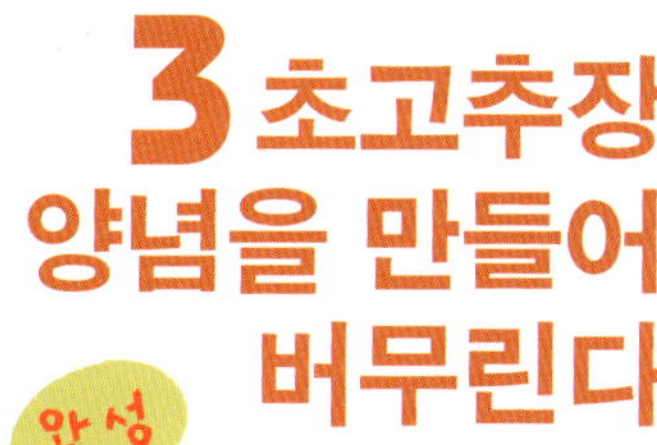

1 분량의 재료를 섞어
양념장을 만든다.

2 풋마늘과 오징어를 한데
담아 양념장에 버무린다.

피망잡채

당면 대신 피망을 넣어 아삭아삭 씹히는 맛이 상큼하다.
냉장고 속 자투리 채소를 활용하면 좋다

1 재료를 준비한다

1 피망은 반으로
갈라 씨를 털어낸
후 채썰고 양파도
채를 썬다.
2 돼지고기도
채썬다.

파란피망 · · · · · · · · · · 6개
붉은피망 · · · · · · · · · · 1개
양파 · · · · · · · · · · · · 1/2개
돼지고기 · · · · · · · · · 100g
녹말가루 · · · · · · · · · 3큰술
달걀흰자 · · · · · · · · · 1개분
식용유 · · · · · · · · · · 적당량

고기양념

간장 1큰술, 설탕 1/2큰술
다진 마늘 1/2큰술
깨소금·참기름 1/2큰술씩
소금·후춧가루 조금씩

2 재료를 양념한다

채썬 돼지고기를 분량의
양념으로 버무린 다음
달걀흰자와 녹말가루를
섞어 무친다.

Cooking SOS!

25분!

피망 손질법

피망을 씻을 때는 흐르는 물에
표면을 문지르면서 씻으세요.
조리할 때에는 씨를 말끔히
털어내고 물에 씻어 사용하는데,
살짝 데치는 것도 좋아요.

3 재료를 볶는다

1 팬에 기름을 두르고
돼지고기를 볶다가

완성

2 피망, 양파 순으로
볶아 소금,
후춧가루로 간을
맞춘다.

해파리새우냉채

각종 해물과 신선한 채소를 소스에 버무려 차게 먹는
음식. 톡 쏘는 소스가 맛의 비결이다

1 재료를 손질한다

새우 · · · · · · · · · · · 8마리
해파리 · · · · · · · · · · 300g
셀러리 · · · · · · · · · · 2줄기
치커리 · · · · · · · · · · 80g
레몬즙 · · · · · · · · · · 1큰술
시판 칠리소스 · · · · · 3큰술

냉채소스
다진 마늘 1큰술
발효겨자 1큰술
오렌지주스·식초 2큰술씩
설탕·소금 1큰술씩
후춧가루·라유 1큰술씩

2 셀러리는 섬유질을
벗겨내고 얇게 썰어 찬물에
헹궈 건진다.

1 새우는 끓는 물에 데쳐
껍질을 벗기고

3 해파리는 채썰어 소금기를
우려내고 끓는 물에 데친 후
찬물에 헹궈 물기 빼고
레몬즙을 뿌린다.

4 치커리도 씻어 건진다.

Cooking SOS!

새우는 어떻게 손질해야 하나?

요리를 먹을 때 입 안에서 새우 껍질이
씹히는 느낌이 싫다면 꼬리와 다리의
껍질까지 다 벗겨내세요. 그 다음
등 쪽의 두 번째 마디 사이에 꼬치를
찔러 내장을 빼면 깨끗합니다.

2 소스를 만든다

냉채소스를
만들어
차게 둔다.

3 소스를 뿌린다

셀러리와 치커리를 접시에 담고
해파리와 새우를 보기 좋게 올린다.
먹기 직전에 냉채소스와 시판
칠리소스를 뿌린다.

홍합허브고추소스

고추의 매콤한 맛과 허브의 향긋함이 어우러진 이색 요리.
화이트와인의 은은한 향이 밴 고소한 홍합 맛이 일품이다

1 홍합을 손질한다

홍합은 수염을 떼고 겉을 솔로 문질러 깨끗이 씻은 후 물기를 빼놓는다.

2 소스를 만든다

Cooking SOS!

15분!

소스 만드는 요령

다진 마늘과 붉은고추는 중불에서 은근히 볶아야 매콤한 맛이 우러납니다. 센 불에서 볶으면 고추가 타기만 하고 향이 나지 않아요.

재료 (4인분)

홍합 · · · · · · · · · · · 20개
레몬 · · · · · · · · · · · 1/2개
치커리 · · · · · · · · · · 조금
바질 · · · · · · · · · · · 1큰술
딜 · · · · · · · · · · · · 1큰술
소금·후춧가루 · · · · · 조금씩
화이트와인 · · · · · · · 4큰술

고추생크림소스
올리브오일·생크림 3큰술씩
붉은고추 2개
다진 마늘 2작은술

1 뜨겁게 달군 팬에 올리브오일을 두르고 다진 마늘과 송송 썬 붉은고추를 넣어 향을 낸 후
2 생크림을 섞는다.

3 홍합에 소스를 뿌린다

1 냄비에 물을 넉넉히 붓고 끓으면 홍합을 통째로 넣어 센 불에 삶는다.
2 화이트와인을 뿌려 와인의 향이 배면 중불로 줄여 익힌다.

3 익어서 반으로 갈라진 홍합의 빈 껍질은 떼어내고 살이 붙은 껍질만 접시에 담는다.

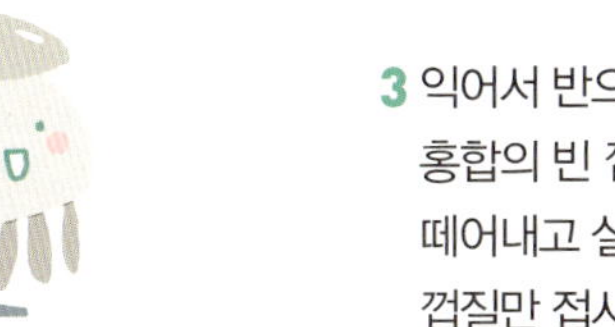

4 홍합살 위에 소스와 레몬즙을 뿌린 후 치커리, 바질, 딜을 얹는다.

집에서 만드는
소스 & 드레싱

집에서 가족들이 좋아하는 스파게티나 피자, 샌드위치를 만들려면
소스와 드레싱을 제대로 만들어야 한다. 인기있는 레스토랑에서
즐겨 사용하는 소스와 드레싱을 집중 공개한다.

크림소스딥소스

재료 크림치즈 2큰술,
마요네즈 1큰술, 떠먹는 요구르트
2큰술, 설탕 1작은술,
레몬즙 1큰술, 소금·토마토 조금씩

생선튀김이나 새우튀김을 찍어 먹을 때
적당하다. 오이나 당근 등을 스틱
모양으로 썰어 찍어 먹어도 좋다.

스위트칠리소스

재료 칠리소스 4큰술,
물엿 1큰술, 물 1큰술,
다진 붉은고추 1/2개 분량,
소금 조금

쇠고기 튀김이나 구운 쇠고기 등을
찍어 먹을 때 어울리고 찐 새우나
스테이크한 생선과도 잘 어울린다.

칠리소스

재료 물엿 1컵, 칠리파우더(혹은 중국고추) 1큰술, 레몬즙 1작은술, 식초 1작은술

냄비에 물엿, 칠리파우더를 넣고 한번 끓인 다음 불을 끄고 레몬즙과 식초를 넣어 잘 섞는다. 칠리파우더가 없으면 고춧가루를 넣고, 청양고추즙을 조금 넣으면 된다. 피자, 파스타, 토르티야 등에 잘 어울린다.

다마리핫소스

재료 시중에 판매하는 쯔유(일본간장) 소스 100㎖, 설탕 2큰술, 청양고추 1개, 물엿 3큰술

냄비에 분량의 재료를 넣고 끓으면 약한 불로 줄여 1/3 정도로 줄어들 때까지 졸이면 된다. 메밀소바 소스를 만들 때 넣어도 좋고 두부 위에 채소를 곁들인 음식에 듬뿍 끼얹어도 좋다.

데리야키소스

재료 진간장 5큰술, 물 1컵, 참기름 2큰술, 다진 마늘 2작은술, 설탕 1작은술, 소금 조금, 후춧가루 조금, 대파 1/2대 또는 양파 1/2개, 마른 붉은고추 1개

감칠맛이 좋은 간장소스로 어떤 요리에나 잘 어울리는 팔방미인 소스. 샐러드, 무침, 볶음밥 등은 물론 파스타, 생선조림 등에도 잘 어울린다.

발사믹오일딥소스

재료 발사믹식초 5큰술, 올리브오일 3큰술, 로즈메리 조금, 설탕 1작은술, 레몬즙 1작은술, 소금 조금

바케트 빵이나 구운 식빵, 포카치아 등을 찍어 먹거나 구운 닭고기를 찍어 먹어도 맛있다.

요구르트크림드레싱

재료 플레인 요구르트 3큰술, 식초 2큰술, 레몬즙 2큰술, 설탕 1/2큰술, 다진 양파 1큰술, 다진 파슬리 1작은술, 소금·후춧가루 조금씩

샐러드소스에 제격. 프라이드 치킨이나 감자, 고구마칩 딥소스로도 좋다.

비네그레트드레싱

재료 샐러드유 3큰술, 식초 2큰술, 레몬즙 2큰술, 사과즙 2큰술, 설탕 1큰술, 다진 양파 1작은술, 소금·통후추 조금씩

식초와 와인, 올리브오일 등으로 만들어 새콤한 맛이 나는 드레싱으로 차게 식힌 고기요리나 샐러드소스로 좋다.

이탈리안드레싱

재료 올리브오일 4큰술,
식초 2큰술, 레몬즙 2큰술,
다진 양파 1큰술, 설탕 2큰술,
다진 파슬리 1작은술,
소금·후춧가루 조금씩

깔끔한 맛의 드레싱으로 샐러드의 기본
소스. 삶은 닭고기나 저민 오이 등에
뿌리면 깔끔한 맛을 즐길 수 있다.

크리미어니언드레싱

재료 마요네즈 4큰술,
다진 양파 2큰술, 생크림 4큰술,
설탕 1큰술, 다진 마늘 1작은술,
식초 1큰술, 레몬즙 1큰술,
다진 파슬리 1작은술, 소금 조금

채소샐러드는 기본, 닭고기나 쇠고기,
생선 등을 튀겨서 곁들인 요리에는
모두 잘 어울린다.

검은깨드레싱

재료 검은깨가루 3큰술,
식초 2큰술, 설탕 1큰술,
레몬즙 1큰술, 다진 파 1큰술,
파인애플주스 2큰술,
참기름 1/2큰술, 소금 조금

고소한 맛이 진한 드레싱으로 프라이드
피시나 감자크로켓 등에는 물론
채소구이 드레싱으로도 좋다.

발사믹드레싱

재료 올리브오일 4큰술,
발사믹식초 1/2큰술,
다진 마늘 1작은술, 설탕 1큰술,
다진 파슬리·타임 잎 1/2큰술씩,
다진 양파 2큰술,
소금·흰후춧가루 조금씩

새콤하면서 특유의 풍미가 입맛을
자극하는데 구운 채소샐러드에 잘
어울리고 오일을 더하면 구운 빵을
찍어 먹는 소스로도 좋다.

오리엔탈드레싱

재료 간장 5큰술, 통깨 1큰술,
참기름 1작은술, 생수 2큰술,
소금 조금

간장을 주재료로 만든 드레싱으로 우리
입맛에 잘 맞는다. 그린샐러드나
닭가슴살샐러드와 잘 어울린다.

레몬드레싱

재료 레몬 1개,
올리브오일 5큰술,
다진 양파 1큰술,
다진 붉은고추 1큰술,
소금·후춧가루 조금씩

새콤한 레몬의 맛과 향이 미역이나
새우 등의 해산물을 넣은 샐러드와 잘
어울린다. 밥맛 없을 때 먹으면 입맛을
돋우는 역할도 한다.

직접 만들어 쓰는 천연양념

새우가루

홍합가루

들깨가루

표고버섯가루

새우가루
재료 마른 새우 2컵, 소금 조금
만들기 달군 팬에 마른 새우를 넣어 달달 볶은 후 식혀서 소금을 조금 넣고 곱게 간다.

홍합가루
재료 마른 홍합 1컵
만들기 마른 홍합을 믹서에 넣어 1~2분 정도 곱게 간다.

들깨가루
재료 들깨 5큰술
만들기 들깨를 볶은 후 식혀서 믹서에 넣어 곱게 간다.

표고버섯가루
재료 마른 표고버섯 1컵
만들기 마른 표고버섯을 굵게 부순 다음 믹서에 넣어 곱게 간다.

북어가루
재료 북어채 60g, 소금 조금
만들기 전자레인지 '강'에서 30초 정도 돌린 후 믹서에 넣어 20초 정도 곱게 간다.

멸치가루
재료 멸치(중간크기) 30마리
만들기 내장 뺀 멸치를 흐르는 물에 재빨리 헹궈 센 불에 바짝 볶아 믹서에 간다.

북어가루

멸치가루

같은 재료, 같은 조리법이라도
요리솜씨를 뽐내려면

먹음직스럽게 담아낸다

그릇 바닥이 보이지 않게 꽉 채워 담는 것보다는 테두리 안에 그릇 바닥이 살짝 보이게 적당히 담는 게 좋으며 조금 큰 그릇을 마련해 두면 쓰임새가 많다.

계량스푼과 컵으로 정확한 분량을 맞춘다

요리는 손맛이라고 하지만 음식을 할 때마다 맛이 달라지는 주부들에겐 해당되는 말이 아니다. 레시피에 제시된 양념의 분량을 제대로 지키는 게 제대로 된 맛을 살리는 길. 계량스푼이 있다면 정확하게 깎아서 재야 하는데 소금이나 설탕 같은 재료를 잴 때는 스푼 윗면을 평평하게 깎아서 재고, 고추장이나 된장은 빈틈없이 채워 젓가락으로 깎아서 잰다.

장본 후 갈무리에 신경 쓴다

요리를 간편하게 빨리 하고 싶다면, 장본 후에 채소나 생선 등의 갈무리에 신경 쓰자. 예를 들어 시금치 한 단을 샀다면 국이나 찌개 등으로 바로 조리할 것은 다듬어 씻어 비닐 지퍼백에 넣어 놓고 나머지는 살짝 데쳐 물기를 꼭 짠 후 한 번 해먹을 만큼씩 나눠서 비닐랩에 싸서 냉동실에 보관하는 식. 생선도 다듬어 씻어 올리브오일이나 식용유를 바른 상태로 한 토막씩 은박지에 싸서 냉동시켰다가 조리 직전에 바로 해동시키면 씻고 양념하는 시간과 노동력이 감소된다.

물 조절을 잘한다

오징어나 새우 같은 해산물은 물에 올리브오일을 살짝 둘러 데치는 것이 맛있고 채소를 데칠 때는 채소가 살짝 잠길 정도로 물을 붓고 데친다. 감자같이 전분질이 많은 식품은 오래 끓이면 풀어져서 국물이 걸쭉해지므로 끓이는 중간에 넣고 굴이나 조개류는 오래 끓이면 질겨지고 오그라들어 볼품이 없어지므로 나중에 넣는다. 고기류는 물이 끓을 때 넣어야 국물이 맑은데 양지머리와 사태는 찬물에서부터 끓여야 충분히 우러난다. 이 밖에 볶음 요리는 센 불에서 단숨에 하는 것이 요령.

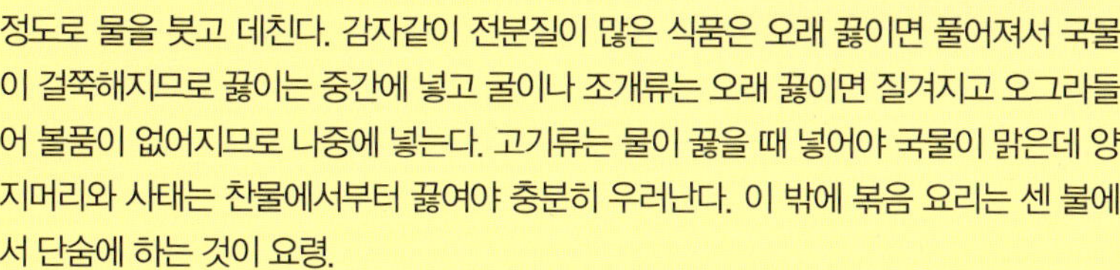

맹물 대신 육수를 이용한다

전골이나 찌개 등을 끓일 때 기본국물로 맹물 대신 육수를 넣으면 더욱 깊은 맛을 낼 수 있다. 다시마국물은 두부를 이용한 국이나 생선, 해물 요리와 잘 어울리는 편이고, 시원한 국물 맛을 내고 싶다면 멸치국물이 잘 맞는다. 시간을 충분히 들여서 우릴 경우에는 큰 멸치, 급하게 우려야 할 때는 작은 멸치가 좋다. 쇠고기국물의 경우 파와 마늘은 처음부터 같이 넣고 무는 끓을 때 넣었다가 다 익으면 건져내는 게 맛내기 포인트.

떨어지지 않게 늘 갖추어야 할 양념이 있다

어떤 식품과도 맛이 잘 어울리는 만능 양념과 요리의 독특한 맛을 살려내는 향신료는 떨어지지 않도록 늘 갖춰 놓는다. 볶음 요리에 조금만 넣어도 맛이 확 달라지는 굴소스를 비롯해 가다랭이를 발효시켜 만든 것으로 간장 대신 넣으면 깊은 맛을 낼 수 있는 참치액소스, 수프의 향을 짙게 돋우면서 풍미를 더하는 월계수잎, 매운 요리의 매콤하고 칼칼한 뒷맛을 내는 통후추, 매운맛을 강하게 살리면서 끝맛을 깔끔하게 해주는 태국고추 등이 있다.

맛있게 잘 만들려다 그만…
망친 요리, 방법은 있다

멸치국물에 감자와 양파를 넣고 먼저 팔팔 끓인 후 된장을 넣어 잘 풀어준다. 국물이 끓으면 두부와 애호박, 버섯을 넣고, 애호박이 익기 시작하면 다진 마늘과 대파를 넣고 불을 끈다.

된장 맛이 너무 진하다

다른 재료와 어우러진 된장찌개가 아니라 된장 맛만 너무 강한 상태로 완성되었을 때는 고추장을 넣으면 된다. 보통 된장찌개를 끓일 때 된장과 고추장의 비율을 3:1로 하는 것이 이상적.

2

뭔가 빠진 듯 심심하다

감자를 조금 넣거나 국간장 혹은 청주를 넣으면 된다. 다진 마늘을 넣고 다시 한 번 끓이는 것도 좋다. 달래, 냉이, 곰취 등 향긋한 봄나물을 넣으면 시원한 국물 맛을 낼 수 있다.

3

찌개가 너무 짜다

된장찌개가 너무 짜게 되었을 때는 다진 양파나 순두부를 조금 넣고 다시 끓이면 짠맛을 조절할 수 있다. 그렇지 않으면 미리 준비해둔 멸치국물을 더 붓고 다시 끓여도 된다.

너무 짜게 만든 찌개, 너무 매운 전골…
실패한 요리를 그대로 식탁에 낼 것인가,
혼자서 처리할 것인가.
아직도 서툰 솜씨에 발을 동동 구르고 있다면
몇 가지 기본 원칙만 익혀보자. 초보 주부도
걱정할 필요 없는 실패한 요리 되살리는 방법.

고/등/어/조/림

냄비에 썰어놓은 무와 양파를 깔고, 그 위에 고등어를 얹은 다음 조림양념을 자작하게 넣어 끓인다. 처음에는 강불로 해서 끓어오르면 중불로 바꾸어줄 것. 고등어는 눈이 투명한 것을 고른다.

1 너무 조려서 국물이 없다

냄비에 무와 감자를 깔고 조리한 고등어를 얹는다. 그 위에 양파를 얹고 물을 자작하게 부은 뒤 뚜껑을 덮고 다시 조린다. 이때 무와 감자는 되도록 얇게 썰어야 고등어가 퍽퍽해지는 것을 막을 수 있다.

2 고등어 비린내가 난다

생강즙이나 청주를 조금 넣어서 다시 조리면 비린내를 없앨 수 있다. 또한 저민 마늘을 고등어 밑에 깔고 다시 한 번 조리는 것도 방법이다. 조리하기 전에 고등어를 쌀뜨물에서 씻으면 비린내를 제거하는 데 도움이 된다.

3 간은 맞는데, 고등어가 덜 익었다

고등어만 그릇에 따로 꺼낸 다음 전자레인지에 돌려서 익힌다. 그런 다음 다시 조림한 냄비에 넣고 살짝 끓여 전체적으로 열이 오르면 불을 끈다. 다시 끓일 때도 뚜껑을 닫아둔다.

Part 2

끓이기 쉬운 국

진수성찬으로 상을 차려 놓아도 국물요리가 빠지면 덜 차려진 느낌이다.
그러니 대한민국 아내들은 늘 국물요리를 걱정한다. 하지만 알고 보면 가장
쉽게 만들 수 있는 요리가 국물요리다. 신선한 재료와 궁합 맞는 재료를
골라 알맞게 끓이기만 하면 완성. 물론 기본국물로 맛을 살려야 하므로
육수를 미리 만들어 두면 빠른 시간에 국물요리를 쉽게 끓일 수 있다.
웬만한 국물요리는 다 들어 있으며 놓치기 아까운 맛내기 비결들도 있다.

감자국

감자국에 쇠고기를 넣어도 맛있다.
감자는 찬물에 헹군 뒤 끓여야 국물이 텁텁하지 않다

1 재료를 손질한다

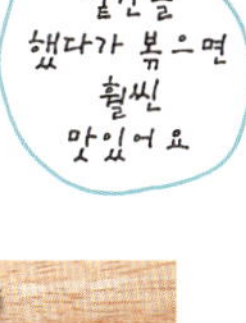

2 쇠고기는 먹기 좋은 크기로 썰어 간장과 소금, 후춧가루, 마늘에 무친다.

1 감자는 껍질 벗긴 후 적당한 크기로 썰어 찬물에 담갔다가 건져 물기를 빼고

3 대파와 양파는 채썬다.

재료 (2인분)

감자	1/2개
쇠고기(등심)	50g
대파	1/2대
양파	1/6개
물	2컵

고기양념
간장 1작은술
소금·후춧가루 조금씩
다진 마늘 1/2작은술

20분!

Cooking SOS!

좀 더 얼큰하게 끓이려면

아침에 먹을 국으로는 맑게 끓이는 것이 좋고 저녁에 먹을 국이라면 얼큰하게 끓여도 좋아요. 이때는 고추장을 넣어서 끓이세요.

2 재료 넣고 끓인다

1 감자와 양념한 쇠고기를 볶다가 물을 붓고 중불에서 푹 끓인다.

2 끓으면서 생기는 거품은 걷어내고 양파와 대파를 넣고 더 끓여서 소금으로 간을 맞춘다.

Point

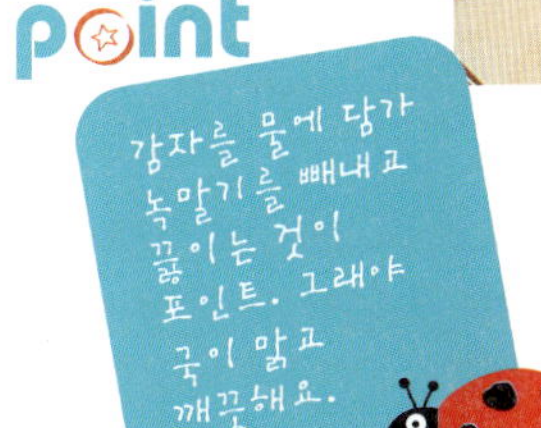

굴두부국

단백질과 칼슘 등 각종 무기질 함량이 높은 굴은 숙취 해소에도 그만이다.
부드러운 굴과 두부를 넣고 심심하게 끓인다

1 재료를 준비한다

1 굴은 소금물에 씻어
물기를 빼두고,

2 두부 · 무 · 부추는
적당한 크기로 썬다.

3 대파는 송송 썰고,
마른 붉은고추는 가위로
자른다.

재료 (4인분)

굴	1/2컵
두부	40g
무	150g
부추	40g
마른 붉은고추	1개
대파	1/2대
다진 마늘	1큰술
새우젓국물	2큰술
소금	조금
다시마국물	4컵

20분!

Cooking SOS!

좀 더 얼큰한 맛을 내려면

얼큰한 국물 맛 내는 데 고춧가루와
청양고추는 빠질 수 없죠. 하지만 너무
오래 끓이면 오히려 비릿한 맛이
나므로 국이나 찌개에 고춧가루나
청양고추를 넣을 때는 마지막에 넣고
살짝 끓이는 것이 좋습니다.

2 국물을 만든다

분량의 다시마국물에
새우젓국물로 간을
맞추고 무를 넣어
끓인다.

3 굴 넣어 끓인다

1 무를 넣어 끓인
국물에 두부를
넣고 끓이다가
굴과 부추를
넣는다.

2 소금으로 간을 맞춘 다음
다진 마늘과 붉은고추를
넣고 한소끔 끓여 송송
썬 대파를 얹는다.

굴해장국

고춧가루와 청양고추로 톡 쏘는
매운맛을 낸 속풀이 해장국이다

1 재료를 준비한다

1 바지락(해감되어 봉지에 포장된 것)과 굴은 흐르는 물에 여러 번 씻어 건져 놓는다.

2 얼갈이배추는 먹기 좋게 썬다.
3 마늘은 저미고 실파와 청양고추는 송송 썰고 양파는 굵게 채썬다.

재료 (4인분)

굴 · · · · · · · · · · · · · 1봉지
얼갈이배추 · · · · · · · 4~5장
수제비 · · · · · · · · · · 적당량
실파 · · · · · · · · · · · · 2뿌리
청양고추 · · · · · · · · · · · 1개
고춧가루 · · · · · · · · · 3큰술
소금·후춧가루 · · · 적당량씩
기본국물
바지락 1봉지, 마늘 5쪽
대파 2대, 양파(작은 것) 1개
물 4컵

Cooking SOS!

15분!

매운맛을 제대로 내려면

요즘은 굴이나 바지락 등 조개류를 해감을 없앤 상태로 판매하는 것이 많으므로 손쉽게 조리할 수 있어요. 고춧가루와 청양고추는 오래 끓일수록 얼큰한 맛이 떨어지고 비린맛이 나므로 마지막에 넣고 살짝 끓이세요.

2 기본국물을 끓인다

냄비에 물을 붓고 기본국물 재료를 넣어 10분간 끓인 다음 마지막에 대파는 건져 낸다.

완성

3 기본국물에 재료를 넣어 끓인다

1 기본국물에 굴과 얼갈이배추를 넣고 배추가 숨이 죽으면 고춧가루와 청양고추를 넣어 끓인다.

2 끓고 있는 국물에 수제비를 떼어 넣고 한소끔 끓이면 실파를 넣은 후 소금과 후춧가루로 간을 맞춘다.

근대토장국

근대 · · · · · · · · · · · · 150g
양파 · · · · · · · · · · · · 1/2개
풋고추·붉은고추 · · · · 1개씩
된장 · · · · · · · · · · · 2큰술
멸치국물
국물용 멸치 10~15마리
물 4컵

1 재료를 준비한다

1 근대는 다듬어서 바락바락 주물어 씻어
데쳐 놓는다.

2 양파는 네모지게 썰고
고추는 송송 썰거나 잘게 다진다.

2 국물을
만든다

멸치국물에 된장을 체에 밭쳐
풀어 넣고 끓인다.

Cooking SOS!

근대 다듬는 요령

근대는 줄기를 꺾으면서 한쪽으로
잡아당겨 투명한 실같은 껍질을
벗기고 사용해야 합니다. 잎은 하나씩
떼어 푸른 물이 나오지 않을 때까지
바락바락 주물러 씻어야 풋내가
나지 않아요.

3 재료 넣어
끓인다

끓는 된장국물에 양파와
근대, 고추를 차례로 넣고
한소끔 끓인다.

잎이 부드럽고 단맛이 나 먹기에 부담이 없다. 위와 장을 튼튼하게 해주므로
잦은 술자리와 스트레스로 속이 나빠진 남편에게 좋다

김칫국

잘익은 배추김치로 끓인 김칫국은 시원하고 칼칼해서
누구나 좋아하는 해장국이다

재료
(4인분)

배추김치(썬 것) ······ 2컵
김치국물 ·········· 1/2컵
대파 ·············· 1대
고춧가루 ········ 1작은술
다진 마늘 ······· 1작은술
참기름 ············ 조금
소금 ············· 조금

멸치국물
국물용 멸치 5~6개, 물 5컵

1 재료를 준비한다

1 잘 익은 배추김치의 속을 깨끗이 털어낸 후 송송 썬다.
2 대파는 뿌리를 다듬어 씻어 어슷하게 썬다.

Cooking SOS!  30분!

김칫국의 시원한 맛을 살리려면

잘 익은 배추김치를 넣고 끓인 김칫국은 시원하고 구수해서 누구나 좋아하며 특히 입맛이 없을 때 해장국으로 일품이에요. 멸치국물에 끓이면 더 깊은 맛이 나요.

완성

2 멸치국물을 만든다

깨끗이 다듬은 멸치에 찬물을 붓고 끓여 국물이 충분히 우러나면 멸치는 건져 낸다.

3 멸치국물에 김치를 넣고 끓인다

1 팔팔 끓는 멸치국물에 송송 썬 배추김치를 넣고 말갛게 익을 때까지 끓인다.

2 김치가 부드럽게 익으면 준비한 김치국물을 붓고 고춧가루, 다진 마늘, 어슷썬 파를 넣은 후 소금으로 간을 맞추고 참기름으로 맛을 낸다.

두부콩가루국

멸치국물에 콩가루를 풀었기 때문에 국물이 걸쭉하고 구수하다.
아침에 끓여 먹으면 식사 대신으로도 든든하다

1 재료 준비를 한다

1 두부는 손톱만한 크기로 네모지게 썬다.

2 달걀은 곱게 푼다.

재료 (2인분)

두부 ············ 1/6모
달걀 ············ 1/2개
콩가루 ········· 5큰술
소금 ············ 조금
국물용 멸치 ···· 5~6마리
물 ············· 2~3컵

Cooking SOS!

25분!

콩의 영양

콩은 단백질과 지방이 풍부한 식품이지요. 특히 콩에 들어 있는 불포화지방산은 동물성 지방의 과잉섭취에서 오는 콜레스테롤을 씻어내는 작용을 합니다.

2 멸치국물을 만든다

1 멸치는 내장을 뺀다.

2 냄비에 물을 붓고 내장을 정리한 멸치를 넣어 노르스름한 물이 나올 때까지 팔팔 끓인 후

3 멸치는 건져낸다.

3 콩가루를 멸치국물에 갠다

콩가루에 멸치국물을 5큰술 정도 넣어 고루 섞는다.

4 재료를 넣어 끓인다

1 남은 멸치국물을 다시 불에 올려 끓이다가
2 두부와 콩가루 갠 것을 넣어 한소끔 팔팔 끓이면서 푼 달걀을 넣어 익힌다. 싱거우면 소금으로 간한다.

무국

쇠고기를 덩어리째 실로 묶어 무르게 푹 끓인 국으로
한 그릇 먹고 나면 뱃속이 따뜻해지면서 피로가 확 풀린다

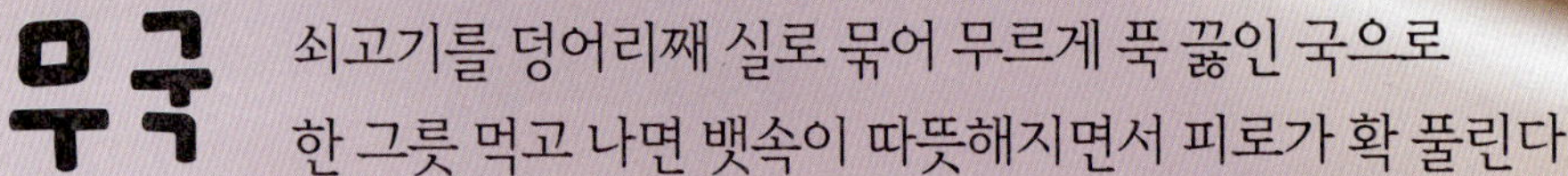

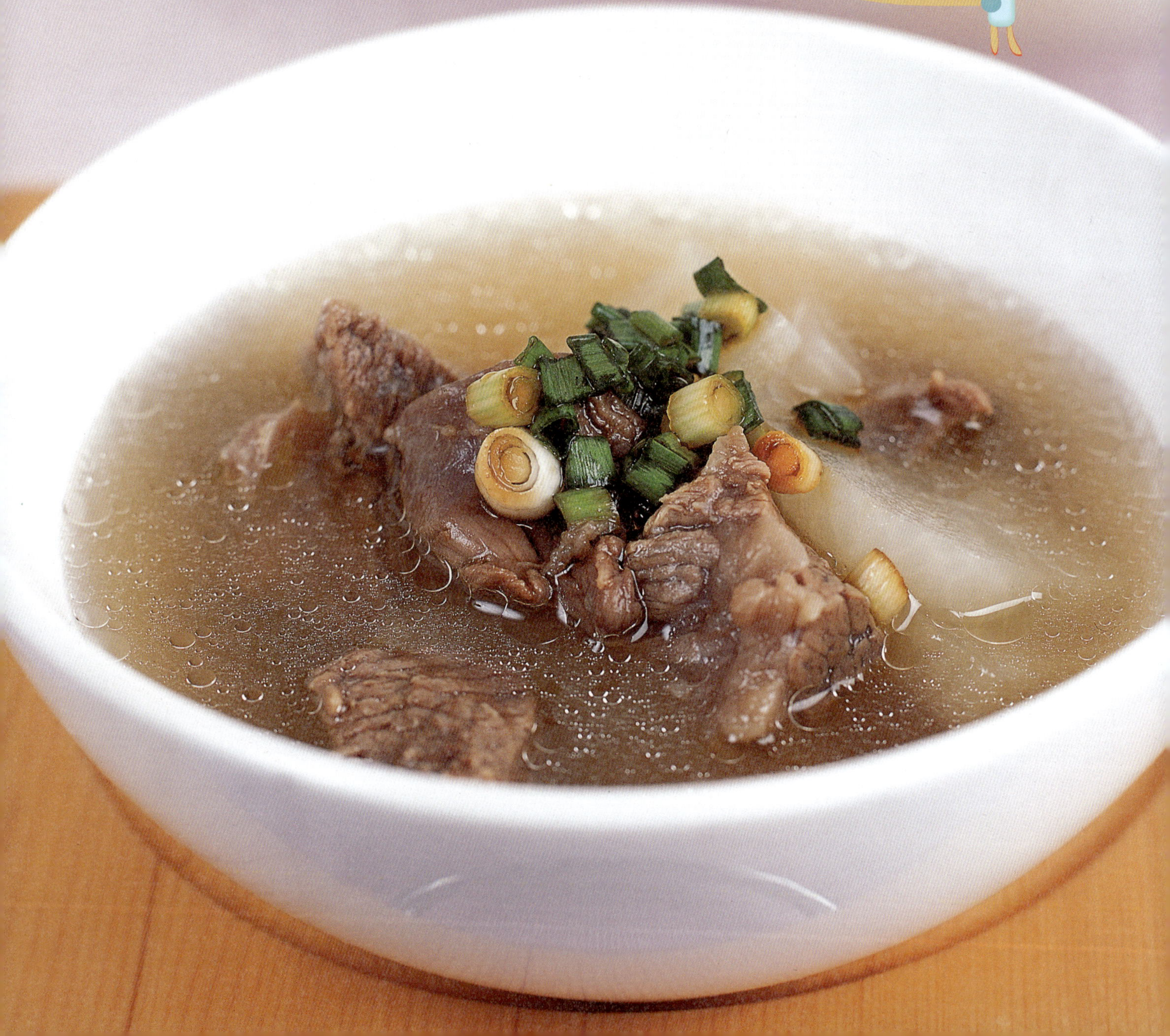

1 재료를 준비한다

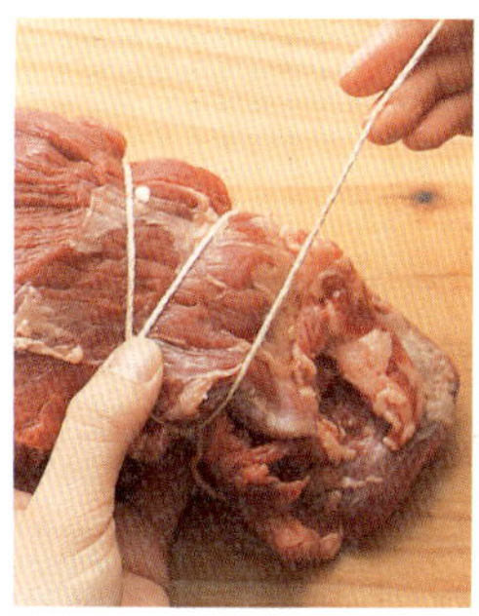

1 쇠고기를 실로 묶어서 분량의 물, 다시마, 마늘을 넣어 끓이고
2 무는 나박 썰고 대파는 송송 썬다.

재료 (4인분)

쇠고기 ·········· 150g
무 ············· 200g
다시마 5cm 길이 ···· 2장
대파 ··········· 1/3대
마늘 ············ 3쪽
간장 ··········· 1큰술
소금·후춧가루 ···· 조금씩
물 ············· 5컵

2 국물을 만든다

25분!

Cooking SOS!

거품을 깨끗하게 걷으려면?

끓을 때 떠오르는 불순물과
거품은 깨끗하게 걷어 내세요.
숟가락을 물로 씻으면서
걷어내면 국물이 말끔해져요.

국물이 끓으면 맑은
국물만 받아두고,
고기는 먹기 좋게 썬다.

3 재료 넣어 끓인다

1 육수에 준비한
무와 저며 썬
고기를 넣고
끓이다가 간장,
소금, 후춧가루로
간을 맞추고

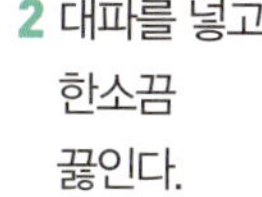

2 대파를 넣고
한소끔
끓인다.

미역홍합국
두뇌발달에 꼭 필요한 칼륨과 요오드가 많이 들어있는 미역과
간기능의 활성을 돕는 홍합을 넣어 끓인 두뇌발달 미역국이다
226 kcal

재료 (4인분)

홍합	1kg
불린 미역	50g
참기름	1큰술
다진 마늘	1큰술
소금	조금
흰후춧가루	조금
물	6컵

1 홍합을 손질한다

3 소금물에 씻은 홍합살을 체에 밭쳐 물기를 빼둔다.

1 홍합은 깨끗이 손질하여 내장을 제거하고

2 홍합살을 옅은 소금물에 살살 흔들어 씻어 건져 다시 깨끗한 물로 씻는다.

Cooking SOS!

홍합 손질법

홍합은 껍질을 바락바락 문질러 겉에 붙어 있는 솜털과 이물질을 제거하고 한 번 헹군 뒤, 살을 떼어내야 합니다. 냉동홍합을 사용할 경우에는 물에 담가 부드럽게 불립니다.

20분!

2 미역을 불려 자른다

1 미역은 넉넉한 찬물에 부드러울 정도로 담가 불린다.

2 불린 미역을 살살 흔들어 씻어 헹구어 물기를 빼고 3~4cm 길이로 자른다.

4 국이 다 끓으면 다진 마늘을 넣고 소금과 흰후춧가루로 맛을 낸다.

완성

3 미역을 볶는다

1 냄비에 참기름을 두르고 미역을 먼저 넣어 볶다가

2 미역이 파르스름해지면 분량의 물을 붓고

3 홍합을 넣어 끓인다.

배추속대국

배추속대	200g
쇠고기(등심)	100g
대파	1대
된장	1큰술
국간장	1작은술
소금·후춧가루	조금씩
다시마국물	5컵

1 재료를 준비한다

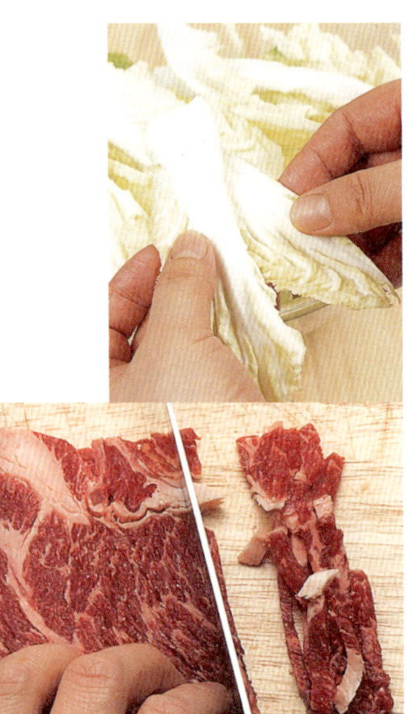

1 배추속대는 한 잎씩 떼어 씻은 후 손으로 잘게 찢는다.

2 쇠고기는 등심으로 준비해서 채썰거나 먹기 좋게 썬다.

좀 더 얼큰하게 끓이는 방법은?

겨울 배추는 특히 단맛이 강하죠. 달착지근한 맛이 싫다면 쌀뜨물을 기본국물로 하고 된장과 고추장을 3 : 1 정도로 섞어서 끓이세요. 청양고추를 송송 썰어 넣어도 얼큰한 맛이 납니다.

2 다시마국물에 끓인다

Tip

배추가 제맛이 나는 시기는 11~12월입니다. 김치를 담그고 배추는 통째로 신문지에 싸서 서늘한 곳에 세워두면 겨우내 먹을 수 있습니다.

1 다시마국물에 된장을 풀어 넣고 끓이다가 고기와 배추속대를 넣어 함께 끓인다.

2 재료가 익으면 굵게 채썬 대파와 국간장, 소금, 후춧가루를 넣고 한소끔 더 끓인다.

비타민 C, 식물성 섬유, 각종 무기질이 풍부한 배추속대를 넣은 된장국이다.
달착지근하고 부드러워 아침국으로 제격이다

버섯 닭고기 맑은국

버섯에 밀가루옷을 입혀 닭국물에 끓인 국.
깊은 맛이 있고 버섯이 쫄깃해 더 맛있다

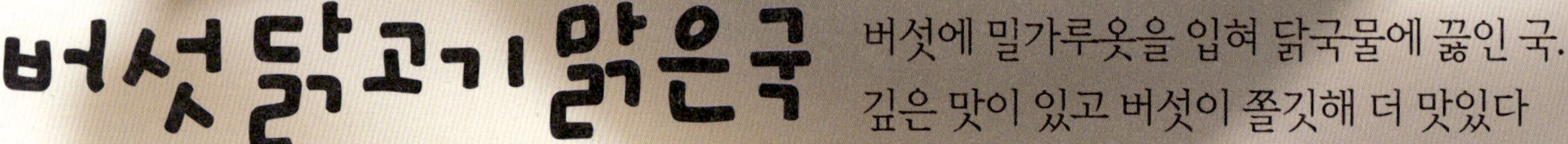

1 재료를 준비한다

1 새송이버섯은 길이로 반을 자른 후 다시 스틱 모양으로 썬다.

2 애느타리버섯은 가닥을 분리하여 새송이버섯과 함께 넓은 그릇에 담고 밀가루를 고루 뿌려 옷을 입힌다.

3 두부는 네모지게 썰고 고추와 대파는 어슷하게 썬다.

재료 (4인분)

새송이버섯 ········ 2개
애느타리버섯 ····· 80g
두부 ··········· 1/5모
붉은고추 ········ 1/2개
대파 ············ 1/2대
밀가루 ·········· 2큰술
국간장 ·········· 1큰술
소금 ········ 1/3작은술

닭국물
닭 1/4마리, 물 5컵

Cooking SOS!

버섯에 밀가루옷을 입히는 이유

버섯으로 국을 끓일 때 버섯에 밀가루 옷을 입히면 열에 약한 버섯이 익으면서 지나치게 물러지는 것을 피할 수 있어요. 또 국물도 밀가루로 인해 조금 걸쭉하게 되어 한결 부드럽게 먹을 수 있습니다.

---

2 국물을 만든다

1 닭을 흐르는 물에 씻어 물기를 뺀 후 냄비에 담고 물을 부어 뽀얀 국물이 나올 때까지 끓여 국물만 따로 받는다.

2 닭고기살은 결대로 찢어 함께 넣어도 좋다.

3 재료를 넣고 국을 끓인다

1 닭국물을 끓이다가 밀가루옷을 입힌 버섯과 두부를 넣어 한소끔 끓인다.

2 국이 다 끓으면 고추와 대파를 넣어 맛을 낸다. 국간장과 소금으로 간을 맞춘다.

북어국

통북어를 방망이로 잘근잘근 두드려 불린 후 쪽쪽 찢어 끓인다.
국물맛이 시원하고, 북어살을 달걀물에 적셔 한층 부드럽게 넘어간다

재료 (4인분)

통북어	1마리
콩나물	40g
두부	1/2모
붉은고추	1개
대파	1/2대
다진 마늘	1작은술
달걀	1개
소금	조금
참기름	조금
후춧가루	조금
물	5~6컵

1 재료를 준비한다

1 물에 불린 통북어를 손으로 찢는다.

2 콩나물은 다듬어 씻고, 두부는 길게 썬다.

3 대파와 붉은고추도 다듬어서 어슷 썬다.

Cooking SOS!

북어국을 맛있게 끓이려면

북어포를 참기름이나 들기름으로 볶다가 국물을 부어 끓이면 구수한 맛의 북어국이 되고, 북어포를 그대로 넣고 끓이면 시원한 북어국이 됩니다.

2 북어국물을 만든다

불린 북어를 볶으면서 물을 붓고 한소끔 끓이다가 북어는 건진다.

3 재료를 넣어 끓인다

1 건진 북어를 소금과 참기름으로 양념하여 달걀물을 섞는다.

2 국물에 콩나물, 고추를 넣고 끓이다가 달걀 묻힌 북어살을 넣고 두부, 대파, 다진 마늘, 소금과 후춧가루로 맛을 살려 끓인다.

얼갈이배춧국

봄철 얼갈이배추가 한창일 때 된장, 고추장을 풀어
구수하게 끓인 속풀이국이다

1 재료를 준비한다

1 쇠고기는 먹기 좋게 썰고 고추와 대파는 어슷 썬다.

2 얼갈이배추는 잘 다듬어 씻어 끓는 소금물에 살짝 데쳐 찬물에 헹군 후 물기를 꼭 짜 큼직하게 썬다.

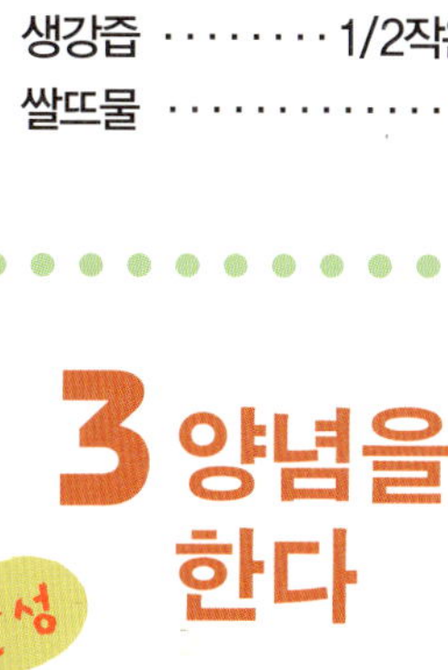

Cooking SOS!

된장, 고추장을 잘 풀려면?

쌀뜨물은 물에 잘 녹지 않는 된장이나 고추장을 매끄럽게 풀어줍니다. 된장을 풀 때 조리나 체를 쌀뜨물에 담근 채 숟가락으로 으깨면서 풀면 국물이 깔끔하지만 좀 더 진한 맛을 원하면 쌀뜨물에 바로 넣어서 고루 푸세요.

2 쇠고기를 볶다가 끓인다

1 냄비에 참기름을 두르고 쇠고기를 볶다가

2 쌀뜨물을 붓고 된장, 고추장을 풀어 끓인다.

3 양념을 한다

국물이 팔팔 끓으면 얼갈이배추와 어슷 썬 고추와 대파를 넣고 다진 마늘과 생강즙으로 맛을 내어 완성한다.

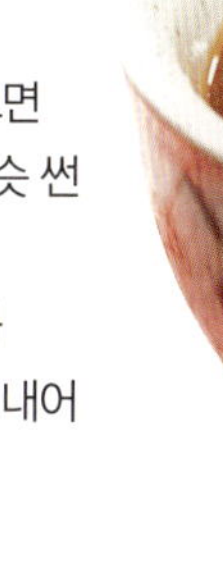

조개냉이국

시원한 조개국물에 된장을 풀고 냉이를 넣어 끓인 국.
간 해독 작용이 있는 냉이의 쌉싸래한 향이 입맛을 돋우고 속을 풀어준다

1 재료를 준비한다

1 냉이는 손질해 씻어두고 고추와 대파는 어슷 썬다.

2 조개는 소금물에 담가 해감을 한 후 깨끗이 씻어둔다.

재료 (4인분)

냉이	250g
조개	100g
대파	1대
마른 붉은고추	1개
된장	2큰술
다진 마늘	1큰술
간장	조금
소금·후춧가루	조금씩
다시마국물	4컵

15분!

Cooking SOS!

냉이를 파랗게 데치는 방법

푸른색이 선명하도록 데치려면
끓는 물에 소금을 조금 넣고 데치세요.
뿌리쪽은 섬유질이 더 질기므로
뿌리부터 넣고 삶아야 골고루 익어요.

2 조개장국을 만든다

1 4컵 분량의 다시마국물에 조개를 넣고 끓여

2 조개 입이 열리면 건져내고 국물은 고운 체에 내린다.

3 고운 체에 내린 조개국물에 분량의 된장을 풀어 넣고 끓인다.

3 냉이 넣어 끓인다

2 간장, 소금, 후춧가루로 간을 하고 어슷 썬 고추와 대파를 넣어 잠깐 더 끓인다.

1 조개장국에 냉이를 넣고 충분히 끓인 다음 조개와 다진 마늘을 마저 넣고 끓인다.

황태콩나물해장국

아미노산 성분이 풍부한 황태와 콩나물이 주재료.
맑게 끓여 담백하고 시원한 맛이 난다

1 재료를 준비한다

1 황태포는 찢어 물에 불려 물기를 짜고

2 콩나물은 씻어 물기를 거두고 쪽파는 1~2cm 길이로 송송 썬다.

3 붉은고추는 어슷하게 썰어 씨를 턴다.

재료 (4인분)

황태포	50g
콩나물	1/2봉지
쪽파	2뿌리
붉은고추	1개
참기름	1큰술
다진 마늘	1작은술
국간장	1/2큰술
소금	조금
물	6~7컵

15분!

Cooking SOS!

북어의 떫은맛을 없애려면

쌀뜨물을 이용해 북어를 불리거나 국물을 쌀뜨물로 끓여보세요. 쌀뜨물은 아린맛과 떫은맛을 흡착하고 냄새 제거 효능이 있어 국물맛이 한층 좋아집니다.

2 황태포를 볶는다

달구어진 팬에 참기름을 두르고 불린 황태포를 넣어 노르스름하게 볶는다.

3 재료 넣어 끓인다

1 황태포 볶은 냄비에 물을 붓고 콩나물을 넣어 한소끔 끓이다가

2 다진 마늘과 국간장, 소금으로 간을 맞춘 후 쪽파와 고추를 넣어 맛을 더한다.

바탕국물의 제맛을 내려면

국물을 내는 재료는 멸치, 다시마, 새우, 표고버섯, 사골 등 여러 가지가 있으나 주재료에 따라 국물의 내용을 달리 사용해야 제맛이 난다. 넉넉하게 만들어 냉장고에 보관해 두고 사용하면 편리하다.

재료가 지닌 맛을 최대로 살린다

찌개 맛을 제대로 살리려면 재료가 가진 맛을 최대로 살려야 한다. 찌개의 재료는 주위에서 쉽게 구할 수 있는 모든 재료를 사용할 수 있지만 그 계절에 가장 풍성한 식품을 사용하는 것이 좋다.

찌개 재료의 맛을 살리는 방법은 국물의 농도를 재료 맛을 돋우어 줄 수 있는 정도로만 하고 된장, 고추장, 간장 등을 적당량 사용하는 것이 좋다.

구수한 맛을 즐기려면 멸치국물을 사용한다

멸치는 건조가 잘된 큰 것을 골라 머리와 내장을 떼고 깨끗이 손질하여 물을 붓고 뭉근하게 끓인다. 한 번 팔팔 끓고 나면 불을 약하게 줄여 오래 끓여야 제맛이 난다. 멸치의 구수한 성분이 다 우러나면 불을 끈 후 건더기는 건져내고 식혀서 병에 담아 냉장고에 보관했다가 사용하면 편리하다.

시원한 국물맛을 내려면 마른 새우 끓인 국물을 사용한다

해물전골은 시원한 국물맛이 제격이다. 마른 새우를 깨끗하게 손질하고 통무를 3~4cm 두께로 통썰기해서 끓이다가 젓가락으로 무를 찔러 들어가면 불을 끈 뒤 새우는 건져 버리고 무는 먹기 좋은 크기로 나박썰기해 전골에 넣으면 맛이 좋다.

재료의 양은 냄비의 2/3가 넘지 않도록 한다

냄비가 작을수록 재료의 양을 1/2 정도로 줄이는 것이 좋다. 재료에 비해 냄비가 너무 크면 국물의 증발이 심해 간이 짜질 수 있다. 반대로 재료가 너무 많으면 열이 골고루 침투되지 않아 재료가 덜 익게 된다.

처음에는 심심하게 간을 한다

된장이나 고추장의 맛은 집집마다 다르며 시중에서 파는 것도 상표에 따라 간이 다르므로 먼저 간을 확인한 다음 양을 결정해야 한다. 찌개는 대개 오래 끓여 국물이 졸아들게 되므로 처음에는 심심하게 간을 하고 불을 세게 해서 끓이다가 국물이 끓기 시작하면 불을 줄이고 보글보글 끓여야 맛이 있다.

사골을 푹 끓여 국물로 사용한다

사골국물을 끓여 냉장고에 미리 보관해 두면 편리하다. 별안간 손님을 치를 때도 좋고, 집에서 별미로 만들고 싶을 때도 쉽게 끓일 수 있다.

하지만 사골국물은 맛이 너무 진해 전골 재료의 참맛을 제대로 살릴 수 없는 경우도 있으므로 물을 좀 넉넉히 잡아 연하게 만들어 사용하는 것이 좋다.

다시마와 모시조개 끓인 국물을 사용한다

깨끗이 손질한 다시마를 5cm 길이로 썰어 4인용 국물에 2장 정도를 넣고 끓이면서 모시조개 몇 개를 넣으면 국물맛이 더 좋아진다. 국물이 다 끓고 나면 다시마와 조개를 건져내고 국물만 사용하면 된다.

찌개·국에 자주 쓰이는 재료 손질법

찌개와 국에 사용하는 재료는 많지만 유난히 손질이 까다로운 것을 골라 손질 요령을 알려준다.

낙지

❶ 낙지 머리를 조금 젖히고 내장이 붙은 부분을 자른 다음 먹통이 터지지 않게 머리 가운데에 길게 칼집을 넣는다.

❷ 머리를 양쪽으로 잡고 뒤로 젖히듯이 펼친 다음 칼끝으로 머리와 내장을 연결하는 막을 조심스럽게 잘라낸다.

❸ 내장의 연결 막을 잘라내 둥근 모양의 내장을 꺼내 자른다. 그 다음 눈을 도려내고 다리 안쪽의 빨판도 눌러 빼낸다.

대구

❶ 머리를 왼쪽, 배를 앞쪽에 오도록 놓고 배에 칼집을 넣어 칼끝으로 내장을 꺼내고 흐르는 물에 깨끗이 씻는다.

❷ 머리 부분이 맛이 좋으므로 주둥이 부분만 잘라내고 머리를 포함해서 3~4등분으로 토막을 친다. 꼬리쪽도 끝부분만 자른다.

새우

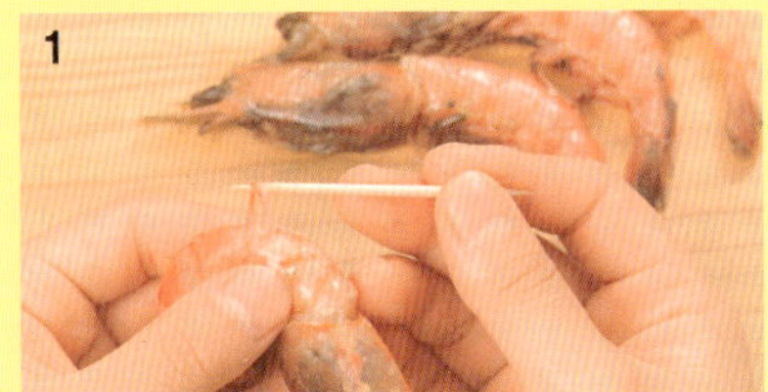

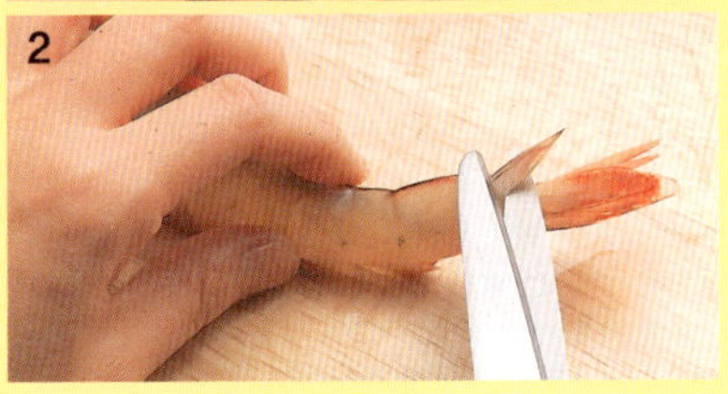

❶ 새우 등이 둥그렇게 되도록 들고 세 번째와 네 번째 등 마디 사이로 이쑤시개를 찔러 넣어 실 같은 검은 내장을 빼낸다.

❷ 꼬리 바로 위 삼각형 모양으로 생긴 뾰족한 부분은 물이 고여있는 곳이므로 가위로 잘라낸다.

❸ 물에 소금을 조금 넣은 후 새우를 살살 흔들어 씻는다. 손질한 새우살을 산 경우에도 소금물에 살살 씻어서 쓴다.

굴

흐르는 물에 하나씩 씻어 껍질과 잡티를 가려낸다. 무즙 속에 넣어 무즙이 거무스레하게 될 때까지 가볍게 주물러 주기도 한다.

★ 좋은 것 고르기

통통하며 유백색이고 손가락으로 눌러보아 탄력이 있고 바로 오그라드는 것이 신선한 것이다. 5~8월은 산란기여서 먹지 않는 것이 좋은데 이때는 영양분도 줄어들고 아린맛이 심하며 여름철이라 빨리 부패하기 때문에 식중독을 일으키기 쉽다.

배추

❶ 잎을 뗄 때는 밑동을 잘라주거나 뿌리 부분을 도려내듯이 자른다. 겉잎부터 한 장씩 잎을 떼내면 손쉽게 떼어진다.

❷ 소금에 절인 배추를 씻을 때 처음에 너무 많이 씻으면 배춧잎이 다 떨어져 너덜거리게 되므로 살살 흔들어 씻는다.

무

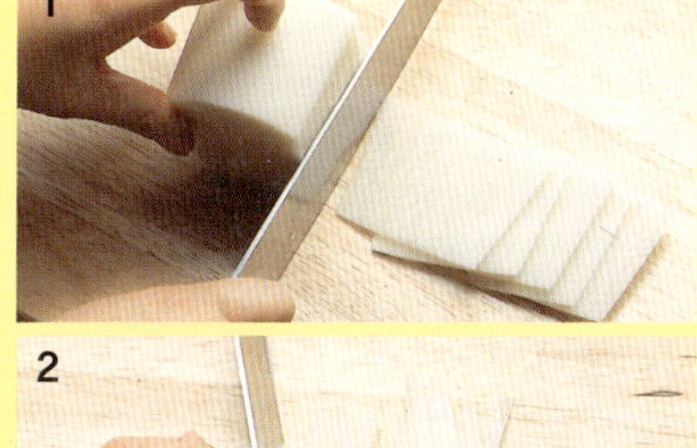

❶ 토막낸 무를 왼손으로 감싸듯 들고 돌리면서 껍질을 벗긴다. 무를 한 손으로 꼭 잡고 0.2cm 두께로 썰어 조금씩 어긋나게 길게 늘어 놓는다.

❷ 섬유질 방향을 따라 끝에서부터 칼날을 수직으로 내려 고르게 채썬다.

냉이

❶ 누렇게 되거나 벌레 먹은 잎 등 지저분한 것을 다듬는다. 흙이 나오지 않을 때까지 흐르는 물에 3~4번 헹구도록 한다.

❷ 뿌리쪽은 섬유질이 더 질기므로 뿌리부터 넣어 삶아야 잘 익는다. 푸른색이 선명하도록 데치려면 끓는 물에 소금을 넣는다. 뿌리와 잎은 익는 속도가 다르므로 따로 삶는 것도 좋다.

해장국 재료 궁합 맞추기

해장국 재료로 많이 사용하는 재료들의 궁합을 맞추어 본다. 우선 숙취를 해소할 수 있는 재료여야 하고 재료끼리 서로 만나 맛이나 영양에 상승 효과가 있어야 한다.

된장과 부추가 만나면…

콩을 삶아서 발효시킨 된장은 콩과 성분이 달라, 소화 흡수가 뛰어나고 콩 특유의 비린내도 나지 않으며 유해 물질도 남아 있지 않다. 하지만 이렇게 좋은 된장에도 두 가지 결점이 있다.

하나는 소금 함량이 많아 나트륨을 지나치게 많이 섭취할 수 있다는 것이고, 또 하나는 비타민 A와 C가 부족하다는 것이다. 이러한 결점을 보완할 수 있는 식품이 부추다. 부추에 들어 있는 칼륨이 몸 밖으로 배출될 때 나트륨도 같이 빠져나가게 해, 나트륨의 과잉 섭취를 막는 효과가 있기 때문이다. 특히 혈압이 높은 사람은 음식을 싱겁게 먹는 것이 좋은데, 된장국에 부추를 넣으면 맛도 있고 나트륨의 지나친 섭취도 막을 수 있다.

조개와 쑥갓이 만나면…

술 마신 뒤 속을 푸는 해장 음식으로 많이 찾는 음식 중 하나가 조개탕이다.

조개의 시원한 맛이 쓰린 속을 편하게 하고 숙취를 푸는 효과가 있기 때문이다. 이런 조개탕에 빠지지 않는 식품이 쑥갓이다. 조개탕에 쑥갓을 넣으면 보기에 좋을 뿐 아니라, 쑥갓의 산뜻한 맛이 조개와 잘 어울려 국물맛을 더 시원하게 한다. 쑥갓은 생으로 먹으면 그 향을 더 즐길 수 있다.

나물을 무쳐 먹으면 맛있는데, 이때 조갯살을 넣으면 좋다. 쑥갓에는 조개에 없는 비타민 A와 C가 풍부해 영양의 균형을 맞출 수 있다.

새우와 표고버섯이 만나면…

새우는 노화를 막는 효과도 있다. 새우 속에 들어 있는 타우린이 노화를 진행하는 물질인 과산화지질의 생성을 억제하기 때문이다. 특히 암 환자는 일반 사람에 비해 체내에 과산화지질이 많은 편이므로, 이런 새우 요리에 항암 효과가 있는 표고버섯까지 더한다면 금상첨화라 할 수 있다.

또한 표고버섯은 체내의 콜레스테롤 수치를 떨어뜨리기 때문에, 새우 요리를 먹을 때 함께 곁들이면 콜레스테롤로 인한 성인병을 예방할 수 있다. 이런 점에서 새우와 표고버섯은 궁합이 잘 맞는다. 표고버섯을 손질할 때는 되도록 빨리 씻어 건지는 것이 좋다.

복어와 미나리가 만나면…

양질의 단백질이 많고 지방이 적은 복어는 예로부터 체내의 불화가 사라지고 엄동설한의 추위를 잊게 된다고 할 만큼 영양가 높은 식품으로 손꼽았다. 이런 복어에 미나리를 듬뿍 넣어 끓인 국물은 술 마신 뒤 해장 음식으로 더할 나위 없이 좋다.

하지만 복어에는 물에도 녹지 않고 익혀도 없어지지 않는 맹독성이 있어, 조리할 때 철저한 주의가 필요하다. 복어탕을 끓일 때는 꼭 미나리를 넣는데, 복어와 맛이 잘 어울릴 뿐 아니라 복어에 들어 있는 독성을 약하게 하는 역할을 한다.

강한 독성이 있는 복어와 그 독을 풀고 신진대사를 촉진해 저항력을 키우는 미나리야말로 뗄래야 뗄 수 없는 찰떡궁합 식품이다.

얼큰한 찌개 재료 궁합 맞추기

된장, 고추장 풀고 얼큰하게 끓여야 찌개맛이 살아나는 재료들이다. 이 재료들의 궁합을 맞춰 본다. 서로 만나 맛도 살고 영양도 상승한다면 짝 맞춰 찌개를 끓이는 것이 좋지 않을까.

아욱과 새우가 만나면…

이런 점이 좋아요

아욱은 필수 아미노산이 부족한 것이 흠인데, 새우와 함께 먹으면 이를 보완할 수 있다. 새우는 종류에 따라 차이가 있긴 하지만, 주성분이 단백질로 8종의 필수 아미노산이 골고루 들어 있다. 또 아욱에 거의 없는 비타민 B 복합체가 풍부하다. 한편 새우에는 비타민 A와 C가 거의 없는 반면, 아욱에는 비타민 A와 C, 섬유질이 많이 들어 있다. 그렇기 때문에 알칼리성 식품인 아욱과 산성 식품인 새우가 어우러지면 서로 부족한 영양을 채울 수 있어 이상적인 영양 균형을 이룬다.

두부와 미역이 만나면…

이런 점이 좋아요

날콩은 비린내가 날 뿐 아니라 소화 흡수율이 낮고 혈구 응집 작용을 하는 등 여러 가지 단점이 있다. 반면 두부는 맛이 부드럽고 소화율이 95%나 돼, 콩을 가장 효과적으로 먹는 가공 식품이다.

또한 두부는 고기 못지 않게 단백질이 많이 들어 있어서 '밭에서 나는 고기' 라고 불린다. 칼슘도 풍부해서 두부 1모의 칼슘이 우유 1잔에 들어 있는 칼슘보다 많다. 신경을 안정시키는 역할도 있어 초조하고 스트레스를 많이 받을 때 두부를 먹으면 효과가 있다. 하지만 두부에 들어 있는 사포닌은 체내의 요오드를 배출시키는 작용을 하기 때문에, 두부를 지나치게 많이 먹으면 요오드가 결핍될 수 있다. 요오드가 풍부한 미역은 이런 점에서 두부와 궁합이 아주 잘 맞는다.

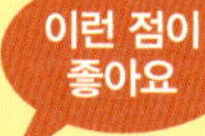

죽순과 쌀뜨물이 만나면…

죽순은 채취한 뒤 시간이 지나면 단단해지고 잡맛이 많이 생긴다. 특히 유독 성분이 있어 반드시 익혀 먹어야 하는데, 죽순의 잡맛을 없애고 맛을 부드럽게 하려면 쌀뜨물을 쓰는 것이 효과가 가장 크다.

죽순의 꼭지를 자른 다음 길이로 칼집을 내어 쌀뜨물에 30~40분간 삶는다. 그냥 삶아도 되지만 고추 2~3개를 넣고 삶으면 효과를 더 높일 수 있다. 죽순의 뿌리쪽이 익으면 얼른 건져 식혀 찬물에 담그면 맛도 부드러워지고 간이 잘 밴다.

삶은 죽순을 바로 찬물에 담그지 않고 저절로 식게 두는 것은 영양소가 물에 녹아 빠져나가는 것을 막기 위해서다. 찬물에 담글 때도 쌀뜨물을 쓰면 영양분의 손실이 훨씬 줄어든다. 죽순을 쌀뜨물에 담그면 수산이 잘 녹아나고 죽순의 산화를 억제한다. 또 쌀겨에 들어 있는 효소가 죽순을 부드럽게 한다.

시금치와 참깨가 만나면…

시금치는 다양한 비타민과 무기질이 듬뿍 들어 있는 영양 식품이다. 하지만 영양 많은 시금치에도 결점이 있다. 시금치의 수산이 몸속에서 칼슘과 결합해 신장이나 방광 결석을 만든다는 점이다.

이런 시금치와 잘 어울리는 식품은 칼슘이 듬뿍 들어 있는 식품이다. 칼슘이 많은 식품을 함께 먹으면 수산의 힘을 약하게 할 수 있기 때문이다. 대표적인 식품이 참깨다. 참깨는 고소한 맛이 있어 시금치의 밋밋한 맛을 보완하고, 결석을 예방하는 효과도 있다. 깨소금에는 시금치에 부족한 단백질과 지방 등이 풍부해 영양의 균형을 맞출 수도 있다.

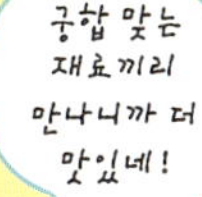

몸보신 요리 재료 궁합 맞추기

미꾸라지, 돼지고기, 깻잎, 선지, 토란 등은 모두
몸보신 재료로 흔히 쓰이지만
독특한 향을 지니고 있어 그 향을 중화시켜야 한다.
그러기 위해서는 궁합 맞는 재료를
만나야 냄새도 제거되고 맛도 살릴 수 있다.

미꾸라지와 산초가 만나면…

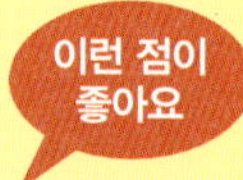

미꾸라지는 논과 도랑 흙탕물 속에서 자라는 민물고기로, 주로 추어탕을 만들어 먹는다. 특히 늦여름과 가을에 보신 음식으로 인기가 좋다. 하지만 미끈거리고 흙냄새와 비린내가 많이 나기 때문에 잘못 만들면 아무리 영양이 많다 해도 먹기가 힘들다. 특히 미꾸라지를 뼈와 내장까지 통째로 쓰는 추어탕은 냄새를 중화시키는 향신료가 반드시 필요하다. 산초는 추어탕의 맛을 결정 짓는 중요한 향신료다. 잎과 열매에 특유의 향이 있고 열매 껍질에는 매운 성분이 있어, 고기 요리나 생선 요리 등에 넣으면 특별한 맛을 낼 수 있다.

돼지고기와 표고버섯이 만나면…

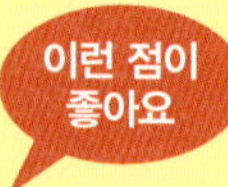

돼지고기는 콜레스테롤이 많이 들어 있어 심장병, 고혈압, 동맥경화 등의 성인병에 걸릴 위험이 있다.
그러나 돼지고기와 표고버섯이 만나면 이런 성인병을 예방할 수 있다. 표고버섯에는 양질의 섬유질이 많이 들어 있기 때문에, 콜레스테롤이 체내에 흡수되는 것을 억제해 콜레스테롤 수치를 떨어뜨리는 역할을 한다. 또한 표고버섯의 진하고 독특한 향미는 돼지고기 특유의 냄새를 없애는 데에도 효과가 있다.

쇠고기와 깻잎이 만나면…

깻잎은 쇠고기와 아주 잘 어울리는 식품이다. 쇠고기에는 성장에 꼭 필요한 모든 아미노산이 골고루 들어 있지만, 칼슘과 비타민 A는 거의 들어 있지 않다. 반면, 깻잎에는 쇠고기에 거의 없는 칼슘 등의 무기질과 비타민 A·C가 많을 뿐 아니라, 철분도 쇠간과 비슷할 정도로 많이 들어 있다. 이처럼 쇠고기와 깻잎은 영양면에서 상반되는 부분이 많기 때문에, 서로 부족한 부분을 보완해 영양의 균형을 이룬다.

닭고기와 인삼이 만나면…

닭고기의 단백질, 인삼의 약리 작용과 찹쌀, 대추, 밤 등의 유효 성분이 어우러져 영양의 균형을 이루기 때문에 훌륭한 스태미나식이 된다. 닭고기는 맛이 담백하고 소화 흡수가 잘 될 뿐 아니라 필수 아미노산이 쇠고기보다 많아, 질 좋은 단백질을 많이 섭취해야 하는 성장기 아이들과 임산부에게 권할 만한 식품이다. 하지만 닭고기의 독특한 냄새 때문에 먹기를 꺼리는 사람들이 있다. 이때 쌉쌀한 맛과 향의 인삼을 넣어 조리하면 닭고기의 누린내도 없앨 수 있다.

토란과 다시마가 만나면…

토란의 주성분은 녹말이며 단백질, 섬유소, 무기질이 들어 있다. 소화가 잘 되지만, 수산석회가 들어 있어 그대로 먹으면 아려서 먹기가 힘들다. 또한 수산석회가 몸속에 많이 쌓이면 결석의 원인이 될 수도 있다.

토란을 조리할 때 쌀뜨물과 다시마를 이용하면 토란의 잡맛과 좋지 않은 성분을 없앨 수 있다. 토란을 먼저 쌀뜨물에 삶아 낸 뒤, 다시마를 넣고 조리한다. 이렇게 하면 유해성분을 없앨 뿐 아니라 맛과 영양면에서도 조화를 이룬다. 특히 다시마는 수산석회 등의 유해 성분과 떫은 맛을 없애 토란을 한결 부드럽게 만든다.

선지와 우거지가 만나면…

해장국 재료로 많이 사용하는 선지는 철분 함량이 많은 고단백 식품이지만, 많이 먹으면 변비에 걸릴 수 있다. 하지만 우거지를 함께 사용하면 펙틴, 섬유소 등 식이섬유가 풍부해 변비를 막는 효과가 있다.

우거지는 섬유소와 펙틴의 작용으로 정장 작용을 하고, 선지 속에 들어 있는 철분의 흡수를 돕는다. 또 무잎에는 비타민 A의 모체인 카로틴과 엽록소가 많이 들어 있어, 조혈 작용을 촉진하고 세포 부활과 항알레르기 등의 중요한 생리 작용을 한다.

끓이기 쉬운 찌개 &전골

반찬 없는 날, 푸짐한 찌개나 전골 한 냄비만 있어도 든든하다.
가족들이 입맛이 없거나 기가 떨어져 무엇을 어떻게 먹여야 할지
걱정이라면 얼큰하고 구수한 찌개로 입맛을 살리고, 기운이 솟는
보양요리에서 해답을 얻자. 특히 환절기나 겨울철, 면역력이 떨어져
잔병치레하기 쉬운 계절에는 보양요리가 영양제만큼 든든하다.
고기와 채소가 어우러진 찌개와 전골은 맛도 영양도 풍부하다.

갈낙전골

쇠고기 갈비와 낙지가 어우러져 진한 맛이 난다.
갈비는 핏물을 잘 빼고 칼등으로 두들겨 연하게 만들어 사용한다

1 재료를 준비한다

1 갈비를 토막내 핏물을 빼고 여러 번 씻어 건진다.

2 낙지는 소금으로 주물러 씻어 4~5cm 길이로 자른다.

3 버섯은 기둥을 떼고 모양대로 저며 썬다.

4 죽순은 빗살 모양으로 썰고

5 당근은 납작하게 썰고 양파와 고추는 채썬다. 대파는 4cm 길이로 썬다.

Cooking SOS!

낙지를 쉽게 손질하려면?

낙지는 머리 부위에 칼집을 넣어 먹통과 내장을 떼어내고 눈과 빨판도 빼냅니다. 그 다음엔 굵은 소금으로 바락바락 주물러 헹구세요.

30분!

재료 (4인분)

소갈비	300g
낙지	3마리
표고버섯	2~3장
죽순	100g
당근·양파	1/2개씩
대파	1대
풋고추·붉은고추	2개씩
소금	조금
물	5컵

양념장

고춧가루 4큰술
고추장 1큰술, 국간장 3큰술
소금· 생강즙 2작은술씩
다진 마늘 1큰술 반
후춧가루 조금

2 갈비와 낙지를 양념한다

1 분량의 재료를 섞어 양념장을 만든 후

2 양념장의 반을 덜어 갈비와 낙지를 밑간한다.

3 재료 넣어 끓인다

양념한 갈비와 낙지, 준비한 채소들을 돌려 담은 후 나머지 양념장과 물을 붓고 끓인다.

국수전골

전골 한 냄비만 푸짐하게 끓여 놓으면 가족끼리 오손도손 덜어 먹는 재미도 느끼고 식사도 대신할 수 있다

1 재료를 준비한다

1 고기는 불고기감으로 준비하여 한 입 크기로 저며 썰어 고기양념에 재운다.

2 배춧잎은 4cm 폭으로 크게 썰고 표고버섯과 새송이버섯은 모양대로 도톰하게 저며 썬다.

3 당근은 꽃모양틀로 찍어 얇게 저며 썰고 붉은고추는 채썰고, 대파는 어슷하게 썬다.

재료 (4인분)

쇠고기(불고기감) ·· 200g
표고버섯 ········· 150g
새송이버섯 ······· 120g
당근 ·············· 60g
배춧잎 ············· 3장
붉은고추 ··········· 2개
대파 ············· 1/3대
생소면 ··········· 200g
다시마국물 ········· 6컵

고기양념
생강즙 2큰술
참기름 1/2큰술
국간장 1큰술, 후춧가루 조금

전골양념장
고춧가루 2큰술 반
국간장 2큰술
다진 마늘 1큰술
참기름 1/2큰술, 소금 조금

Cooking SOS! 25분!

국물이 깔끔하려면?

끓는 전골국물에 익히지 않은 국수를 넣으면 익는 시간도 오래 걸리고 국물이 탁해지고 걸쭉해지므로 살짝 삶아 넣어 오래 끓이지 않는 것이 좋아요.

2 생소면을 삶는다

넉넉한 끓는 물에 생소면을 펼쳐 넣고 젓가락으로 휘저어준 후 완전히 익히지 말고 살짝 삶아 찬물에 헹구어 건진다.

3 전골냄비에 안쳐 끓인다

2 쇠고기와 채소가 익으면 삶은 생소면을 넣고 더 끓인다.

1 전골냄비에 배춧잎을 깔고 재료들을 돌려 담은 후 양념장과 다시마국물을 넣어 끓인다.

김치갈비전골

돼지갈비를 매운 양념으로 밑간해 얼큰하면서
멸치다시마국물에 끓여 깊은 맛이 난다

1 채소를 썬다

1 배추김치는 4~5cm 길이로 썰고 애호박은 반달 모양으로 썬다.
2 대파와 고추는 어슷 썰어 씨를 털어내고
3 팽이버섯은 밑동을 잘라낸 뒤 가닥가닥 분리한다. 양파는 굵게 채썬다.

배추김치 ········ 300g
돼지갈비 ········ 400g
애호박·양파 ····· 1/3개씩
대파 ············· 1대
풋고추·붉은고추 ···· 1개씩
흰떡 ············ 200g
팽이버섯 ········· 2봉지
쑥갓 ············ 조금
소금·후춧가루·참기름 조금씩
멸치다시마국물 ······ 4컵

갈비양념

고춧가루 2큰술, 간장 1큰술
고추장·생강즙·청주 1큰술씩
다진 마늘 2큰술
다진 양파 4큰술
깨소금·후춧가루 조금씩
참기름 조금

2 돼지갈비를 양념에 버무린다

돼지갈비는 기름을 잘라내고 찬물에 담가 핏물을 빼준 후 분량의 갈비양념으로 골고루 버무린다.

갈비가 맛있으려면

갈비를 그대로 사용하면 누린내가 납니다. 기름도 너무 엉기고요. 갈비는 우선 핏물을 빼야 하고 향신채소를 넣고 한 번 데쳐 낸 후 조리해야 고기도 질기지 않고 느끼하지 않습니다.

3 전골이 거의 다 끓었을 때 떡과 버섯을 넣고 쑥갓은 불에서 내리기 전에 올린다.

3 전골냄비에 넣어 끓인다

1 전골냄비에 참기름을 두르고 양념한 갈비를 넣고 볶다가 멸치다시마국물을 부어 서서히 끓인다.
2 갈비살이 부드러워지면 김치, 애호박, 고추, 양파, 대파를 넣고 끓이다가 소금, 후춧가루로 간을 맞춘다.

김치감자탕

돼지감자탕에 김치를 넣어 더욱 얼큰하다.
돼지등뼈는 미리 찬물에 담가 핏물을 뺀 후 애벌로 삶는다

1 돼지등뼈를 준비한다

1 돼지등뼈(또는 갈비)를 준비해 찬물에 담가 핏물을 충분히 우린 후 끓는 물에 5분 정도 애벌로 삶아 건진다.

2 감자는 껍질을 벗겨 반 정도만 삶는다.

돼지등뼈(혹은 갈비) ·· 1kg
감자 ················ 6개
배추김치 ········ 1/4포기
풋고추·붉은고추 ···· 1개씩
양파 ············· 1/2개
깻잎 ········· 10~15장
대파 ·············· 1대
마늘 ·············· 5쪽

양념장
고춧가루 2큰술
다진 마늘 2작은술
청주·들깨 1큰술씩
참기름·설탕 1/2큰술씩
소금·후춧가루 조금씩

멸치국물
국물용 멸치 10마리, 물 6컵

2 부재료를 준비한다

1 배추김치는 속을 턴 후 큼직하게 썬다.
2 양파는 굵직하게, 깻잎은 돌돌 말아 채썬다.
3 대파와 고추는 어슷하게 썬다.

Cooking SOS! 40분!

김치찌개가 맛있으려면?

김치에 젓갈이 많이 들어갔거나 녹말풀을 많이 넣은 것은 적당하지 않아요. 또 설익은 김치도 맛이 없고요. 김치찌개는 섬유소가 무르도록 오래 끓이거나 살캉하게 끓이는 두 가지 방법이 있어요.

3 양념장과 국물을 만들어 끓인다

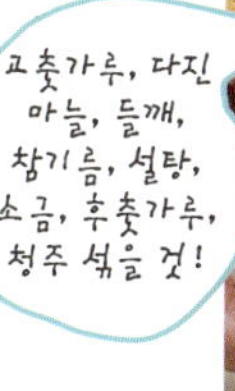

1 분량의 재료를 고루 섞어 양념장을 만든다.
2 내장을 정리한 멸치에 물을 붓고 10분 정도 끓여 멸치만 건진다.

3 속이 깊은 냄비에 삶은 등뼈와 감자, 김치, 마늘을 담고 멸치국물을 부은 후 한소끔 끓인다.

4 국물이 끓으면 양념장을 풀어 끓이다가 양파와 깻잎, 대파, 고추를 얹어 맛과 향을 더한다.

김치찌개 1

신선한 생선 고르기가 조심스러울 때 통조림을 이용해 본다.
김치와 어우러졌을 때 색다른 맛을 느낄 수 있다

1 재료를 준비한다

1 꽁치는 통조림으로 준비하여 기름을 버리지 말고 따로 준비한다.
2 배추김치는 3~4cm 길이로 썰고 느타리버섯은 도톰하게 길이로 찢어둔다.
3 양파, 대파, 고추는 채썰거나 어슷 썬다.
4 쑥갓은 다듬어 놓고 마늘, 생강은 다진다.

2 김치와 꽁치부터 끓인다

1 냄비에 꽁치통조림 기름을 두르고 김치를 넣어 투명해지도록 볶다가 물을 붓고
2 양념장을 푼 후 꽁치를 넣어 끓인다.

Cooking SOS!

통조림 생선을 이용해도 되는지?

통조림은 생선이 싱싱할 때 가공한 것으로 조리법에 문제가 없는 한 영양상의 손실은 없습니다. 물론 싱싱한 생선을 직접 구입하는 것이 가장 좋겠지만 번거로울 경우에는 통조림에 든 것을 이용하면 편리해요.

15분!

재료 (4인분)

꽁치통조림 · · · · · · · · · · 1개
김치 · · · · · · · · · · 1/3포기
느타리버섯 · · · · · · · 2~3개
양파 · · · · · · · · · · · 1/4개
대파 · · · · · · · · · · · · 1대
풋고추·붉은고추 · · · · 1개씩
쑥갓 · · · · · · · · · · · · 조금
다진 마늘 · · · · · · · · · 1큰술
다진 생강 · · · · · · · 1작은술
고춧가루·소금 · · · · · 조금씩
물 · · · · · · · · · · · · · · · 3컵

양념장
고춧가루 2큰술
고추장 1큰술
다진 마늘 1/2큰술
다진 생강 1작은술
소금 조금

3 양념하여 끓인다

1 김치가 부드럽게 익으면 느타리버섯, 채썬 양파와 고추, 대파를 넣고 다진 생강, 마늘을 넣어 끓인다.

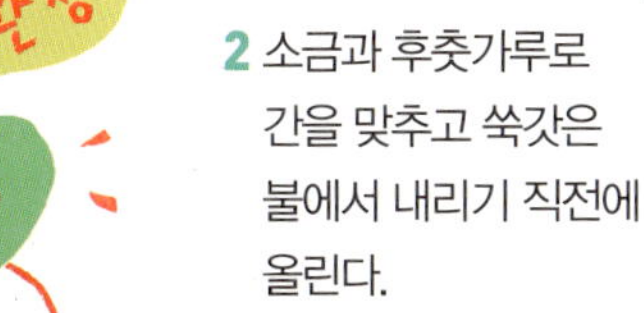

2 소금과 후춧가루로 간을 맞추고 쑥갓은 불에서 내리기 직전에 올린다.

김치찌개 2

김치찌개에 베이컨을 넣어 색다른 느낌이 난다. 국물이 한층 부드럽고 고소하며 김치 맛이 밴 돼지고기, 베이컨을 건져먹는 것도 별미다

1 재료를 준비한다

1 배추김치는 적당한 길이로 썰고

2 베이컨은 2cm 길이로 자르고 돼지고기는 고기양념에 재워 놓는다.

3 양파와 대파는 굵직하게 채썬다.

재료 (4인분)

배추김치 · · · · · · · · 300g
돼지고기 · · · · · · · · 150g
베이컨 · · · · · · · · · · 3장
양파 · · · · · · · · · · · 1/2개
대파 · · · · · · · · · · · 1/2대
다진 마늘 · · · · · · · 1/2큰술
버터 · · · · · · · · · · · 2큰술
소금·후춧가루 · · · · 조금씩
물 · · · · · · · · · · · · · 4컵

고기양념
생강즙 1작은술, 청주 1큰술
소금·후춧가루 조금씩

20분!

Cooking SOS!

베이컨을 김치찌개에 넣으면

돼지고기보다 한층 고소한 맛이 납니다. 베이컨은 지방층과 붉은 고기층의 두께가 고르며 지방이 많지 않은 것, 색깔이 선명한 것이 좋습니다.

2 재료를 볶는다

냄비에 버터를 두르고 다진 마늘과 양파, 밑간한 돼지고기, 베이컨, 배추김치를 넣고 볶는다.

3 물 부어 끓인다

1 김치와 고기가 충분히 볶아지면 물을 붓고 대파를 넣어 끓이면서

2 소금과 후춧가루로 맛을 살린다.

꼬리곰탕

조금 비싼 게 흠이지만 온 가족이 함께 먹을 수 있는
보양 음식으로 더없이 좋다

1 쇠꼬리 핏물을 뺀다

1 쇠꼬리는 토막내어 찬물에 담가 하룻밤 정도 핏물을 빼고
2 쇠고기는 덩어리째 찬물에 1시간 정도 담가 핏물을 뺀다.

재료 (2인분)

쇠꼬리 · · · · · · · · · · 250g
쇠고기(양지머리) · · · 200g
무 · · · · · · · · · · · · · 1/8개
대파 · · · · · · · · · · · 1/2대
굵은 소금·후춧가루 조금씩
고기양념
국간장 2큰술 반
다진 마늘 1큰술
참기름 1/2큰술
후춧가루 조금
향신채소
대파 1대, 마늘 2쪽 반
생강 1/2톨, 통후추 3알

Cooking SOS!

쇠꼬리 국물 만들기

물을 팔팔 끓여 핏물 뺀 쇠꼬리를 넣고 데치듯이 끓여 그 물은 버리고 쇠꼬리를 씻은 다음 향신채소를 넣고 다시 끓여 사용합니다.

2 쇠꼬리, 양지머리를 삶아 양념한다

1 쇠꼬리를 팔팔 끓는 물에 데치듯 끓인 후 그 물은 버리고 다시 물을 붓고 쇠고기와 향신채소를 넣어 푹 곤다.
2 국물이 우러나면 덩어리 고기를 건져 내어 저며 썰어 양념한다.

3 무·대파를 썬다

무는 사방 3cm 크기로 납작하게 썰고 대파는 채썰거나 송송 썬다.

4 재료 안쳐 끓인다

쇠꼬리 곤 국물에 무를 넣고 끓이다가 양념한 양지머리를 넣고 다시 끓이면서 대파와 굵은 소금, 후춧가루로 맛을 낸다.

꽃게찌개

싱싱한 꽃게는 양념이 따로 필요없을 만큼 맛이 있다.
고춧가루, 청양고추로 매운맛을 내고 소금으로 간해 국물이 맑고 시원하다

1 꽃게를 손질한다

꽃게는 솔로 문질러 닦고 집게발,
등딱지, 아가미를 떼고 2등분한다.

재료 (4인분)

꽃게	2마리
호박	1/4개
무	100g
대파	1대
양파	1/4개
청양고추	1개
쑥갓	조금
다시마 우린 물	4컵

찌개양념

고춧가루·다진 마늘 1큰술씩
다진 생강 조금, 소금 조금
후춧가루 조금, 청주 1작은술

Cooking SOS!

맛있는 꽃게를 고르려면?

꽃게는 4~6월 사이가 산란기인데, 이때는
살도 많지 않고 맛도 떨어지므로 산란기
이전의 것을 고르는 것이 좋습니다.
꽃게는 들어보아 묵직한 것이 알이 꽉 차고
맛이 좋으며, 배 부분이 희고 살아
움직이는 것이 싱싱합니다.

30분!

2 채소를 준비한다

1 호박은 반달썰기 하고
무는 납작하게 썬다.

2 대파는 어슷 썰고
양파는 채썬다.
청양고추는 잘게 썬다.

3 국물에 재료 넣어 끓인다

1 다시마 우린 물에 무와
고춧가루, 마늘, 생강, 청주를
넣고 끓인다.

2 국물이 끓으면 호박을 넣고
끓이면서 꽃게를 넣고, 대파,
청양고추, 양파, 후춧가루, 소금으로
맛을 낸다. 마지막에 쑥갓을 올린다.

대구지리

대구는 가을에서 이듬해 이른 봄까지가 제철.
대구의 참맛은 머리에 있으므로 토막낸 머리도 함께 넣어 끓인다

1 대구, 해물을 손질한다

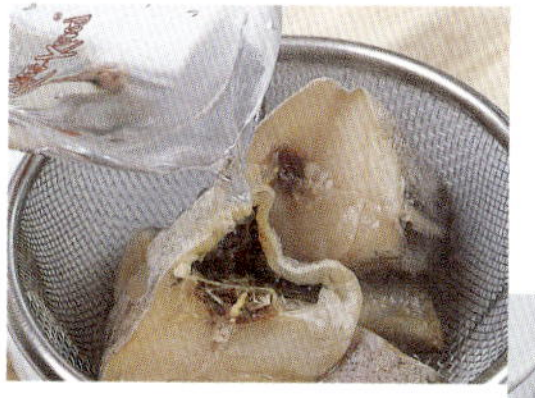

1 대구는 지리감으로 손질해 끓는 물을 끼얹어 잡티를 없앤 후 체에 밭쳐 물기를 뺀다.

2 조개는 (해감되어 봉지에 포장된 것) 흐르는 물에 씻어 건져둔다. 해감이 안 된 경우 소금물에 담가둔다.

재료 (4인분)

대구	1마리
조개	1봉지
배춧잎	2장
팽이버섯	1봉지
당근	1/4개
표고버섯	6장
두부	1/4모
무순	10g
붉은고추	1개
소금	적당량
다시마국물	4컵

간장소스
진간장 3큰술
레몬즙·청주 2큰술씩
식초 1큰술

2 채소와 버섯을 손질한다

1 배추는 끓는 물에 데쳐 찬물에 헹구어 물기를 짜고
2 팽이버섯은 흐르는 물에 살짝 씻어 밑동을 자른 후 데친 배추에 돌돌 말아 2cm 폭으로 썰어둔다.
3 표고버섯은 손질하여 큰 것은 2등분한다.

Cooking SOS!

생선지리의 포인트

시원하고 담백한 국물 맛을 살리는데 있으므로 마늘, 고춧가루는 넣지 않고 소금으로 간을 하세요. 소스에 레몬을 넣어서 사용하면 생선 특유의 냄새도 줄고 맛이 한결 산뜻합니다. 뚜껑을 열고 끓이면 깔끔한 맛이 살아납니다.

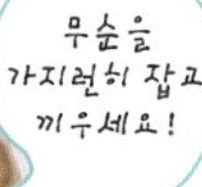

4 당근은 모양내어 0.2cm 두께로 썰고 두부는 도톰하게 썬다.
5 붉은고추는 둥글게 썰고 무순은 씻어 고추에 꿴다.

3 다시마국물을 붓고 끓인다

1 다시마를 마른 행주로 닦은 후 가위로 가장자리를 자르고 물을 부어 끓인다.
2 냄비에 준비한 대구와 조개, 채소, 버섯을 안치고 다시마국물을 부어 생선이 익을 때까지 끓인다.
3 소금으로 간하고 간장소스를 곁들인다.

도가니탕

소의 무릎뼈를 도가니라고 하는데 질긴 부위이긴 하지만 젤라틴 성분이 많은 연골로 되어 있어 오랫동안 가열하면 연해진다

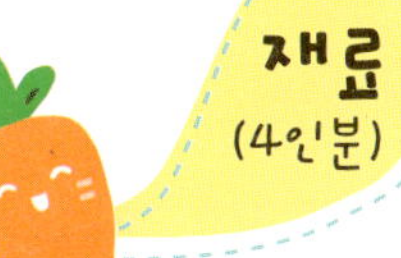

도가니	500g
대파	2대
마늘	5쪽
붉은고추	2개
소금·후춧가루	조금씩
물	10컵

1 도가니를 손질하여 삶는다

1 도가니를 흐르는 물에 씻어 끓는 물에 5분 정도 애벌로 삶아 건지고

2 물 10컵을 다시 부어 대파 1대, 마늘을 넣고 뽀얀 국물이 우러나도록 끓인다.

뼈 속의 칼슘이 우러나도록 끓이세요

Cooking SOS!

도가니란?

소 무릎의 종지뼈와 거기에 붙은 고깃덩이를 말하며 곰국 재료로 많이 사용합니다. 소의 볼기에 붙은 고기도 도가니라고 하지요. 영양가가 높아 기력이 떨어졌을 때 보양 재료로 쓰입니다.

3시간!

2 불을 줄이고 무르도록 끓인다

국물이 우러나면 불을 약하게 줄인 후 도가니가 푹 무르도록 은근히 오래 끓인다.

3 그릇에 담는다

뼈까지 잘 무른 도가니를 그릇에 담고 송송 썬 대파와 고추를 얹은 후 소금과 후춧가루로 간을 한다.

Tip

도가니를 먹는 방법

도가니탕을 끓일 때 기름기가 적은 사태살과 힘줄을 함께 섞으면 맛이 좋고, 건지가 물러지기 전에 건져 소금에 찍어 먹으면 쫄깃쫄깃하고 고소한 맛이 난다. 너무 오래 고았을 경우에는 굳혔다가 족편을 만들어 먹어도 좋다.

완성

동태찌개

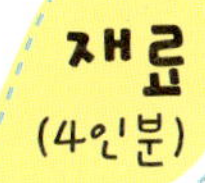

재료 (4인분)

동태	1마리
무	100g
애호박	1/4개
대파	1대
풋고추·붉은고추	1개씩
쑥갓	20g
소금·후춧가루	조금씩
참기름	1작은술
다시마 우린 물	3컵

양념장

고춧가루 2큰술
다진 마늘 1큰술
다진 생강 조금
청주·국간장 1큰술씩
소금·후춧가루 조금씩

1 재료를 준비한다

1 동태는 기본 손질하여 옅은 소금물에 흔들어 씻어서 물기를 빼고 4cm 길이로 토막 낸다.

2 무는 납작하게 썰고 호박은 반달썰기, 대파는 큼직하게 편썰기 한다.

3 고추는 어슷하게 썰어 씨를 뺀다. 쑥갓은 짧게 끊어 씻는다.

2 다시마 우린 물에 양념장을 풀어 끓인다

1 냄비에 참기름을 두르고 무가 투명해지도록 달달 볶는다.

2 무가 어느 정도 익으면 다시마 우린 물을 붓고 한소끔 끓인 후 양념장을 풀어 끓인다.

Cooking SOS!

20분!

양념장 푸는 요령

양념장에 다시마국물이나 멸치국물, 육수 등을 조금 덜어 잘 푼 뒤에 국물이 팔팔 끓을 때 넣으면 양념장이 덩어리지지 않고 깔끔한 국물이 됩니다. 동태매운탕에 게나 조개류를 넣으면 더욱 시원하고 깔끔한 맛을 내고요.

3 국물에 준비한 재료를 넣어 끓인다

1 양념한 국물이 끓으면 손질한 동태와 호박, 대파, 고추를 넣고 끓이면서 거품을 걷는다.

2 찌개 맛이 우러나면 소금과 후춧가루, 고춧가루로 간을 맞추고 쑥갓을 올려 완성한다.

돼지갈비감자탕

돼지갈비로 끓이면 고기도 먹고 감자도 먹고
국물도 함께 먹을 수 있어 한층 푸짐하다

재료 (4인분)

돼지갈비	300g
감자	3개
풋고추	1개
붉은고추	1개
대파	1대
양파	1/2개
식용유	적당량

고기양념
청주 1큰술, 생강즙 1작은술

양념장
다진 마늘 1큰술
생강즙 1/2큰술, 고추장 1큰술
고춧가루 3큰술, 청주 2큰술
설탕·깨소금·참기름 1큰술씩

1 재료를 준비한다

1 돼지갈비는 찬물에 담가 핏물을 뺀 다음 애벌로 삶아 건진 후 칼집을 넣고

2 청주와 생강즙으로 밑간을 한다.

3 감자는 큼직하게 썰어 둥글게 다듬고 팔팔 끓는 물에 삶아 건져둔다.

4 고추와 대파는 어슷 썰고, 양파는 큼직하게 썬다.

Cooking SOS!

통감자를 먹으려면?

감자탕의 감자는 큼직한 것이 맛있어 보이죠. 감자를 미리 살캉할 정도로 삶은 후 국물에 넣어 완전히 익히는 것이 좋습니다.

50분!

2 밑간한 돼지갈비를 볶는다

냄비나 돌솥에 기름을 두르고 밑간해둔 돼지갈비를 넣어 볶는다.

3 육수를 부어 끓인다

돼지갈비가 어느 정도 익으면 갈비 삶은 물을 붓고 삶은 감자와 양념장, 양파, 고추, 대파를 넣어 끓인다.

돼지고기고추장찌개

흔하게 먹을 수 있는 찌개지만 오징어를 넣어
얼큰하게 끓이면 안주용으로 그만이다

돼지고기	200g
두부	1/2모
양파·호박	1/3개
오징어	1마리
풋고추·붉은고추	1개씩
대파	1대
소금	조금
식용유	적당량
멸치국물	3컵

고기양념

다진 마늘·고추장	1큰술씩
고춧가루	1큰술
생강즙·후춧가루	1작은술씩

1 재료를 준비한다

1 돼지고기와 두부는 2.5cm 두께로 도톰하게 썬다.
2 양파는 껍질을 벗기고 반을 잘라 채썬다.
3 오징어는 손질한 후 둥글게 썰거나 한 입 크기로 썬다.
4 호박은 반달 모양으로 썰고, 대파와 고추는 어슷 썬다.

2 고기를 볶다가 멸치국물을 부어 끓인다

Cooking SOS!

25분!

맛내기 요령

두부를 넣는 찌개는 오래 끓이면 두부가 부서지고 국물맛이 텁텁해지므로 마지막에 넣는 것이 좋아요. 돼지고기는 그냥 넣고 끓이는 것보다 잠시 볶아 특유의 기름을 빼고 부드럽게 한 후 끓이면 국물맛이 구수합니다.

1 돼지고기에 고추장과 마늘, 고춧가루, 생강즙, 후춧가루를 넣고 양념한다.
2 양념한 돼지고기를 기름을 두르고 볶다가 양파를 넣고 멸치국물을 부어 끓인다.

3 남은 재료를 넣고 끓인다

끓는 국물에 오징어와 호박을 넣고 한소끔 끓으면, 두부와 대파, 고추를 넣은 후 잠시 더 끓여 마무리한다.

된장찌개 1

해물에서 우러난 국물이 입맛을 돋우는 된장찌개다.
달래를 넣어 향긋하면서 감칠맛이 난다

1 채소를 준비한다

1 달래는 뿌리의 흙을 깨끗하게 씻어 3~4cm 길이로 자른다.
2 두부는 깍뚝썰기로 썰고 양파는 큼직하고 네모지게 썬다.

달래 · · · · · · · · · · · · 700g
두부 · · · · · · · · · · · · 1/4모
양파 · · · · · · · · · · · · 1/3개
미더덕 · · · · · · · · · · · 100g
주꾸미 · · · · · · · · · · · 4마리
새우 · · · · · · · 10~15마리
모시조개 · · · · · · · · · · 5개
소라살 · · · · · · · · · · · 50g
된장 · · · · · · · · · · · · 1큰술
소금 · · · · · · · · · · · · 조금
물 · · · · · · · · · · · · 3~4컵

소라살양념
양파즙 2큰술, 청주 1큰술
소금 조금

2 해물을 준비한다

1 미더덕과 주꾸미, 새우는 연하게 푼 소금물에 살살 흔들어 씻는다.
2 모시조개는 해감하고 소라살은 먹기 좋은 크기로 썰어 양념한다.

3 된장 푼 물에 두부와 채소를 넣고 끓인다

1 냄비에 물을 붓고 손질한 해물을 넣어 센 불에서 한소끔 끓이다가 거품을 걷어낸다.

2 해물 끓인 국물에 된장을 풀고 두부와 양파를 넣어 보글보글 끓이다가

3 달래를 넣고 불에서 재빨리 내린다. 모자라는 간은 소금으로 맞춘다.

된장찌개 2

해물을 넣어 끓이는 된장찌개는 된장 양을 조금 적게 잡아야
해물의 맛을 더 살릴 수 있다

1 우렁살을 데친다

우렁을 소금을 넣은 끓는 물에 데쳐
건진다.

재료 (4인분)

우렁	1/2컵
표고버섯	3장
애호박	30g
불린 미역	30g
대파	1/3대
풋고추·붉은고추	1개씩
무	80g
감자	1/2개
소금	조금
멸치다시마국물	2컵 반

찌개양념

다진 마늘 1큰술
다진 생강 1/2작은술
된장 3큰술, 고추장 1/2큰술
고춧가루 1작은술

Cooking SOS!

우렁 손질법

우렁은 삶아서 바늘이나 핀을
이용해 살을 살살 돌려가며 빼내
사용하면 됩니다. 특유의
흙냄새가 나므로 밀가루를 묻혀
바락바락 주물러 씻으세요.

15분!

2 부재료를 준비한다

1 표고버섯은 기둥을
잘라 낸 후
큼직하게 썰고,
2 대파와 고추는
반은 어슷 썰고
반은 송송 썰어
준비한다.

3 무는 사방 2cm 크기로
네모지게 썰고 애호박과
감자는 적당히 썬다.
4 불린 미역은 작은 크기로
잘라준다.

3 재료 넣고 끓인다

1 멸치다시마국물에 된장과
고추장을 풀고 무와 감자를 넣어
끓이다가
2 다진 마늘과 생강을 넣고 끓이면서
버섯, 애호박, 미역, 우렁, 고추,
대파를 넣는다. 한소끔 끓으면
마지막에 고춧가루를 넣고
소금으로 간한다.

두부김치전골

술 한잔 하고 싶을 때 쉽게 끓여 얼큰하게
먹을 수 있는 간편한 전골이다

1 재료를 준비한다

1 두부를 도톰하게 썰어 소금과 후춧가루를 뿌려둔다.

3 배추김치는 2cm 폭으로 썬다. 고구마순은 끓는 물에 소금을 넣고 삶아 찬물에 헹구어 적당하게 자른다.

2 비엔나소시지는 칼집을 넣고 대파와 풋고추, 붉은고추는 어슷어슷하게 썬다.

4 밑간한 두부에 밀가루를 입혀 기름을 두른 프라이팬에 노릇노릇하게 지진다.

재료 (4인분)

두부 · · · · · · · · · · · · 1모
배추김치·고구마순 200g씩
비엔나소시지 · · · · · · 200g
대파 · · · · · · · · · · · · 1/2대
풋고추·붉은고추 · · · 2개씩
소금·후춧가루 · · · · · 조금씩
밀가루 · · · · · · · · · · 2큰술
식용유 · · · · · · · · · · 적당량

멸치다시마국물

국물용 멸치 5~6개
다시마 10cm 크기 2장
물 5컵, 국간장 적당량
소금 적당량

Cooking SOS!

전골에 사용하는 돼지고기

기름기가 적은 목살이 좋아요. 또 돼지고기를 참기름에 볶으면 육류에 포함된 포화지방산이 중화되어 건강관리에 도움이 됩니다. 게다가 더욱 고소한 찌개 맛을 즐길 수 있지요.

20분!

2 국물을 준비한다

냄비에 손질한 멸치와 다시마를 넣고 물을 부어 끓이다가 중간에 다시마는 건져내고 멸치는 3분 정도 더 우려 거른 후 국간장과 소금으로 간을 맞춘다.

3 전골냄비에 담아 끓인다

전골냄비에 재료를 돌려 담고 국물을 부어 끓인다. 국물이 끓으면 중간 불로 줄인 뒤 한소끔 끓여 소금으로 간을 맞춘다.

두부젓국찌개

굴맛이 한창 좋은 가을에 입맛 살리는 찌개.
새우젓으로 간을 해서 더욱 감칠맛이 난다

끓일 때 거품을 걷어내면서 끓여야 맑고 뽀얀 국물을 만들 수 있어요. **깊은 맛을 내려면 쌀뜨물을 이용해 보세요.** 재료와 양념들이 겉돌지 않아요.

1 재료를 준비한다

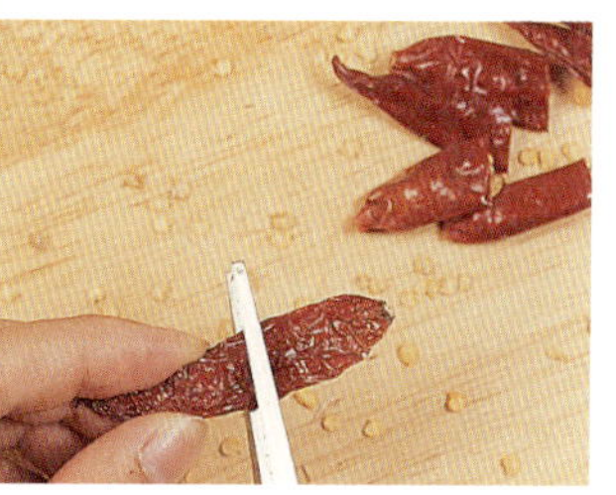

2 실파는 깨끗이 다듬어 4cm 길이로 썬다.

3 마른 고추는 반을 갈라 씨를 빼고 채썬다.

1 두부는 2cm 길이, 1cm 폭으로 도톰하게 썬다.

재료 (4인분)

두부	1/2모
굴	150g
실파	3뿌리
새우젓	1/2큰술
마른 붉은고추	1개
소금	적당량
쌀뜨물	3~4컵

2 굴과 새우젓을 준비한다

1 굴은 연한 소금물에 씻어 건져두고

2 새우젓은 곱게 다진 후 젓국물만 이용한다.

Cooking SOS!

젓국으로 간을 하는 이유

젓국을 이용해 두부찌개를 끓이면 단백질과 칼슘을 보충할 수 있어요. 간은 새우젓으로만 맞추고 한소끔만 끓여서 바로 드세요. 오래 끓이면 맛이 없답니다. 해장국으로 그만이에요.

1 냄비에 쌀뜨물을 붓고 두부 넣어 끓이다가 새우젓으로 간을 하고

3 재료를 넣고 끓인다

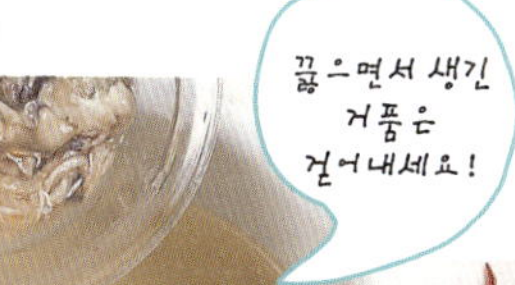

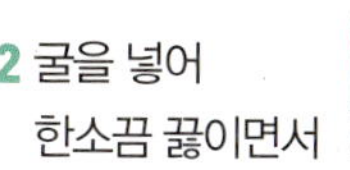

2 굴을 넣어 한소끔 끓이면서

3 실파와 고추를 넣고 불을 끈다. 간은 남은 새우젓국물로 한다.

모듬버섯전골

여러 가지 버섯과 채소에 보리새우 국물을 부어 끓여서
국물맛이 한결 시원하다

82 kcal

1 재료를 준비한다

1 새송이버섯은 도톰하게 저며 썰고, 애느타리버섯은 가닥가닥 뜯어둔다. 느타리버섯은 큼직하게 찢어둔다.

2 팽이버섯은 밑동 부분을 자르고

3 표고버섯과 양송이버섯은 모양대로 저며 썬다.

4 당근, 대파는 저며 썰고, 양파는 굵게 채썬다.

5 무와 호박은 도톰하게 썬다.

재료 (4인분)

새송이버섯 · · · · · · · · · 1개
느타리버섯 · · · · · · · · 40g
애느타리버섯 · · · · · · · 30g
팽이버섯 · · · · · · · · · 1/3팩
양송이·표고버섯 · · · 2개씩
당근 · · · · · · · · · · · 40g
애호박 · · · · · · · · · · 30g
양파 · · · · · · · · · · · 1/4개
대파 · · · · · · · · · · · 1/2대

다시마국물
무 적당량
다시마 10cm 크기 1장
보리새우 1/8컵, 물 2컵

양념장
고춧가루 2큰술, 청주 1큰술
국간장 1/2작은술
다진 마늘 1작은술, 소금 조금

Cooking SOS!

전골국물의 적당한 양은?

국물의 양은 기호에 따라 조절하면 됩니다. 처음 국물을 부을 때는 재료에서 나오는 물까지 감안해 원하는 양의 80% 정도만 부으세요.

25분!

2 전골국물을 만든다

다시마와 무에 물을 부어 끓이다가 다시마는 건져내고 보리새우를 넣어 끓인다.

1 전골냄비에 채소와 버섯을 돌려담고 끓여둔 다시마국물을 부어 끓이면서

2 양념장을 풀어 넣는다.

3 국물 부어 끓인다

버섯 들깨 찌개

피를 맑게 해주는 들깨가루를 국물요리에 이용하면
맛과 영양을 그대로 살릴 수 있다

68 kcal

1 버섯을 손질한다

1 표고버섯은 기둥을 자르고 도톰하게 저며 썬다.

2 새송이버섯도 도톰하게 썰고 애느타리버섯은 끓는 물에 살짝 데치고 팽이버섯은 밑동을 자른다.

3 붉은고추는 송송 썰고 양파는 가늘게 채썬다. 실파는 3~4cm 길이로 자른다.

재료 (4인분)

표고버섯	3장
새송이버섯	2개
애느타리버섯	100g
팽이버섯	1/2봉지
붉은고추	1/2개
양파	1/4개
실파	조금
들깨가루	3큰술
소금	조금
식용유	적당량

멸치국물
국물용 멸치 7~8마리
물 4컵

2 버섯을 볶다가 멸치국물을 부어 끓인다

Cooking SOS!

25분!

버섯 맛을 살리려면

버섯은 완성하기 바로 직전에 넣는 것이 좋아요. 그래야 버섯의 풍미를 살릴 수 있어요. 들깨가루 역시 처음부터 넣지 말고 찌개가 다 끓은 후에 넣어 잠깐만 더 끓이세요.

1 손질한 멸치에 물을 붓고 끓여 멸치국물을 만들어 놓는다.

2 기름 두른 팬에 버섯을 볶다가 양파를 넣고 멸치국물을 부어 끓인다.

버섯이 거의 익으면 실파를 넣고 들깨가루를 풀어 향과 맛을 더한다. 소금으로 간을 하고 고추는 기호에 따라 넣는다.

3 들깨가루를 넣고 간을 한다

완성

버섯매운찌개

각종 버섯과 양념한 쇠고기를 전골냄비에다 안친 후
매운양념으로 얼큰하게 끓인 영양 찌개

120
kcal

1 재료를 준비한다

1 팽이버섯은 밑동을 잘라내고 씻어 물기를 빼고 표고버섯은 흐르는 물에 씻어서 기둥을 떼고 도톰하게 저며 썬다.

2 새송이버섯은 씻어서 밑동을 자른 후 찢어 놓고 애느타리버섯은 밑동을 잘라내고 씻어서 뗀다.

3 쇠고기는 채썰어 고기양념으로 밑간한다.

4 양파는 채썰고 쪽파는 버섯과 같은 길이로 자른다.

팽이버섯 · · · · · · · · · · 1봉지
표고버섯 · · · · · · · · · · 4장
새송이버섯 · · · · · · · · · · 2개
애느타리버섯 · · · · · · · · 1팩
쇠고기 · · · · · · · · · · 100g
양파 · · · · · · · · · · 1/2개
쪽파 · · · · · · · · · · 8뿌리
육수나 물 · · · · · · · · · · 4컵

고기양념
간장 2작은술
다진 마늘 1작은술
다진 파·설탕 1작은술씩
후춧가루·참기름 조금씩

찌개양념장
고춧가루 2큰술
다진 마늘·파 1큰술씩
국간장·진간장 1큰술씩
소금 조금

Cooking SOS!

버섯 향을 즐기려면?

버섯의 향은 열에 약합니다. 따라서 찌개를 끓일 때 잠깐 동안 끓이고, 끓여서 바로 먹는 것이 맛도 있고 풍미도 살릴 수 있어요. 버섯은 영양이 풍부하고 씹는 맛이 쫄깃하여 찌개 재료로 그만이지요.

20분!

2 양념장을 만든다

재료를 분량대로 섞어 양념장을 만든다.

3 전골을 끓인다

1 냄비에 채썬 양파를 깔고 버섯과 쪽파를 돌려 담은 후 가운데 쇠고기 양념한 것을 놓고 육수나 물을 부어 끓인다.

2 어느 정도 끓으면 양념장을 풀어서 매운맛을 낸 후 한소끔 더 끓이고 소금으로 간을 맞춘다.

버섯불고기찌개

버섯과 쇠고기는 맛과 영양의 상승효과가 있어 찌개 재료로
많이 사용한다. 말린 표고버섯을 불려서 사용해도 OK

1 재료를 준비한다

2 양파와 대파는 큼직하게 채썰고
고추는 어슷하게 썰어 씨를 뺀다.

1 애느타리버섯은
가닥가닥 떼어 놓고
팽이버섯은 밑동을 자른
후 조금씩 떼어 놓는다.

애느타리버섯 · · · · · · 100g
팽이버섯 · · · · · · · · · 1봉지
쇠고기(불고기감) · · · 100g
양파 · · · · · · · · · · · · 1/3개
풋고추·붉은고추 · · · · 1개씩
대파 · · · · · · · · · · · · · 1대

불고기양념장

간장 1큰술, 설탕 1/2작은술
후춧가루·참기름 조금씩
청주 1작은술
다진 마늘 1작은술

찌개양념

고추장 1큰술
고춧가루·국간장 1작은술씩
소금 조금, 다진 마늘 1큰술

다시마국물

물 6컵
다시마 10cm 크기 1장

2 쇠고기를 양념에 재운다

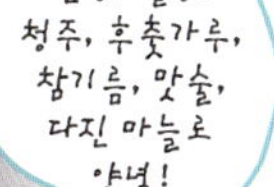

쇠고기는 불고기감으로
준비해서 먹기 좋은 크기로
썬 다음 불고기양념장에
버무려 1시간 정도 재운다.

3 냄비에 담아 끓인다

1 다시마국물에 찌개양념을 넣고 끓이다가
고기와 애느타리버섯, 채소를 넣고 한소끔 끓인다.

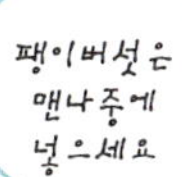

2 찌개가 거의 다
끓으면 팽이버섯을
넣고 소금으로
간을 한다.

생태매운찌개

동태, 황태, 코다리 등 명태의 여러 종류 중에서도 국물맛은
역시 생태다. 고추장을 풀어 얼큰하게 끓이면 개운하고 맛있다

1 재료를 준비한다

1 생태를 손질하여 토막을 내고

2 무와 두부는 납작하게 썰고, 붉은고추는 어슷하게 썬다.

3 미나리는 생태와 같은 길이로 자르고 쑥갓은 다듬어 놓는다.

재료 (4인분)

생태	1마리
무	100g
모시조개	6개
두부	50g
미나리	30g
쑥갓	조금
붉은고추	1개
멸치국물	6컵

양념장

고춧가루 2큰술
고추장·된장 1작은술씩
국간장·다진 마늘 1큰술씩
다진 파 2큰술
생강즙 1/2작은술
소금·후춧가루 조금씩

Cooking SOS! 20분!

찌개국물이 맛있으려면

찌개국물을 그냥 맹물로 하지 말고 육수를 만들어 이용해 보세요. 생선이나 해물찌개에는 멸치국물이나 다시마국물 등을 기본국물로 쓰면 한층 깊은 맛을 낼 수 있습니다.

2 국물을 만든다

1 모시조개는 해감을 한 후
2 냄비에 무와 모시조개를 넣고 멸치국물을 부어 끓인다.

3 양념장을 만든다

분량의 재료를 잘 섞어 양념장을 만든다.

4 재료 넣어 끓인다

1 모시조개가 입을 벌리기 시작하면 양념장을 풀고 손질한 생태를 넣어 끓이다가

2 두부와 고추를 넣고 소금으로 간한 후 미나리와 쑥갓을 넣고 잠시 끓인다.

소고기국수전골

보글보글 즉석에서 끓여
먹어야 제맛이 난다.
갖가지 채소와 고기에
국수까지 곁들여
손님상에도 제격이다

268kcal

1 재료를 손질한다

1 쇠고기는 한 입 크기로 썰어 양념에 재워 놓고

2 두부는 도톰하게 썰어 기름 두른 팬에 앞뒤로 노릇하게 굽는다.

3 배추와 대파는 큼직하게 썬다.

4 표고버섯은 기둥을 뗀 후 모양대로 저며 썰고 팽이버섯은 밑동을 잘라서 씻는다.

5 소면은 끓는 물에 삶아 찬물에 헹궈 물기를 빼둔다.

재료 (4인분)

쇠고기 · · · · · · · · · · 80g
생소면 · · · · · · · · · · 50g
두부 · · · · · · · · · · · 1/4모
배추속잎 · · · · · · · 3~4장
대파 · · · · · · · · · · · 1/2대
팽이버섯 · · · · · · · · · 1팩
표고버섯 · · · · · · · · · 2장
식용유 · · · · · · · · · 적당량
다시마국물 · · · · · · · 2컵

전골양념
다진 마늘·국간장 1큰술씩
소금·후춧가루 조금씩

고기양념
국간장 1/2큰술
생강즙·참기름 조금씩
후춧가루 조금

Cooking SOS!

전골에 넣는 국수 삶기

전골에 국수를 넣어 먹으면 따로 식사를 준비하지 않아도 됩니다. 국수는 끓는 물에 넣고 흰심이 조금 보일 정도로 삶으면 됩니다. 국수는 전골 재료를 준비하면서 삶아야 붇지 않아요.

20분!

2 냄비에 재료를 안친다

냄비에 버섯과 채소를 담고 양념한 고기와 삶은 소면을 가운데 안친 후 다시마국물을 부어 끓인다.

3 간을 한다

끓이면서 다진 마늘을 넣고 국간장으로 간을 하고 소금과 후춧가루로 맛을 더한다.

쇠고기찌개
쇠고기와 배추를 매운양념장에 버무려 끓인
간편하고 색다른 찌개이다
223 kcal

1 재료를 손질한다

1 쇠고기를 먹기 좋은 크기로 썰어 키친타월에 올려 핏물을 뺀다.

2 배추는 씻어서 3cm 길이로 썰고 대파와 양파는 굵게 채썬다.

3 미나리는 4cm 길이로 썰고 붉은고추, 풋고추는 어슷하게 썰어 씨를 턴다.

재료 (4인분)

쇠고기(등심) ······ 300g
배춧잎 ············ 4장
미나리 ············ 30g
풋고추·붉은고추 ···· 1개씩
대파 ············· 1대
양파 ············ 1/2개
쌀뜨물 ············ 3컵

매운양념장
고추장 1큰술
고운 고춧가루 1큰술
다진 청양고추 1큰술
간장·청주·다진 마늘 1큰술씩
참기름 1/2작은술
소금·후춧가루 조금씩

30분!

Cooking SOS!

매운맛을 살리려면

쇠고기는 맵지 않게 양념하여 그대로 볶아 먹어도 맛있지만 배추를 숭숭 썰어 넣고 매콤하게 끓이면 또 다른 별미를 느낄 수 있지요. 매운양념장을 미리 만들어 놓았다가 쇠고기와 배추를 버무려 쌀뜨물에 끓이세요.

2 매운양념장을 만든다

매운양념장 재료를 분량대로 고루 섞는다.

3 국을 끓인다

1 쇠고기와 배추를 매운양념장으로 버무려 볶다가 쌀뜨물을 붓고 끓인다.

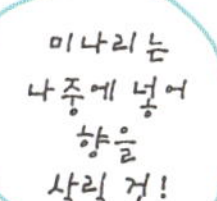

2 마지막에 양파와 대파, 고추, 미나리를 넣고 한소끔 끓으면 소금으로 간한다.

스끼야끼
스끼야끼는 일본식 전골요리로 즉석에서 끓여 먹는 일품요리다.
채소나 고기를 너무 익혀 먹으면 맛이 없다
546 kcal

1 재료를 준비한다

1 쇠고기는 불고기감 정도로 썰고 대파는 다듬어 씻어서 어슷 썬다. 배춧잎도 먹기 좋게 썬다.

2 당면은 끓는 물에 삶아 찬물에 헹군 후 먹기 좋은 길이로 자르고 양파는 반달 모양으로 채썬다.

3 두부는 네모지게 썰어서 채반 위에 놓아 물기를 걷고 소금과 흰후춧가루를 뿌려서 식용유 두른 팬에 노릇노릇하게 지진다.

4 애느타리버섯은 밑동을 잘라내고 씻어서 물기를 빼둔다.

Cooking SOS!

스끼야끼에 좋은 고기

고기 부위에 따라 맛의 차이가 나는데 살과 살 사이에 기름기가 무늬처럼 들어 있는 상강육이 가장 맛있습니다. 즉석에서 끓여 먹는 요리이므로 채소가 너무 익지 않도록 하세요.

쇠고기(얇게 썬 것) ·· 300g
당면 ············ 100g
두부(작은 것) ········ 1모
달걀노른자 ········ 4개
양파 ··········· 1개
배춧잎 ··········· 5장
애느타리버섯 ······· 1팩
대파 ············· 1대
소금·흰후춧가루 ··· 조금씩
식용유 ············ 조금

소스

간장 1컵, 청주 1/4컵
설탕 3큰술

2 소스를 만든다

냄비에 간장, 청주, 설탕을 넣고 보글보글 끓인다.

3 재료를 익힌다

쇠고기와 채소, 당면, 두부, 버섯을 돌려 담은 후 소스를 붓고 끓이면서 달걀노른자에 찍어 먹는다. 소스의 양은 입맛에 따라 조정한다.

알탕

생태에서 얻은 명란과 곤이를 넣어 얼큰하게 끓인 보신 찌개.
명란과 곤이에서 우러난 국물맛이 입맛을 돋운다

1 채소를 준비한다

1 대파와 고추는 어슷하게 썰고 쑥갓은 끊어 둔다.

2 무는 나박나박 썰고 콩나물은 씻어 건져둔다. 마늘은 다지고 생강은 즙을 낸다.

재료 (4인분)

명란	6개
곤이·무	50g씩
콩나물	80g
대파	1대
쑥갓	30g
육수	4컵
붉은고추	1개

양념

고춧가루 1큰술
다진 마늘 1/2큰술
고추장·청주 1큰술씩
생강즙 1작은술

2 명란과 곤이를 씻는다

1 명란은 윤기가 있는 싱싱한 것으로 준비하여 찬물에 살살 씻어 체에 밭쳐 둔다.

2 곤이는 우유빛의 꼬불꼬불한 모양이 뚜렷한 것으로 준비하여 찬물에 씻어 건진다.

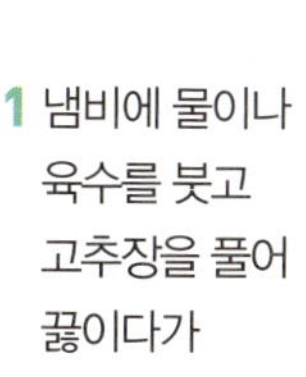

Cooking SOS!   **25분!**

알탕 맛내기

싱싱한 생태에서 얻은 명란과 곤이에 시원한 맛을 내는 무와 콩나물을 넣고 끓인 알탕은 영양도 좋지만 구수하고 얼큰합니다.
알탕은 얼큰해야 제맛이 나므로 고춧가루를 넉넉히 넣으세요.

3 콩나물이 익으면 명란과 곤이를 넣고 계속 끓인다.

4 재료가 거의 익으면 대파와 고추, 남은 양념을 넣는다. 소금으로 간을 맞춘 후 불에서 내리기 전에 쑥갓을 올린다.

3 육수에 고추장을 풀어 끓인다

1 냄비에 물이나 육수를 붓고 고추장을 풀어 끓이다가

2 나박썰기 한 무를 넣고 한소끔 끓인 후 콩나물을 넣는다.

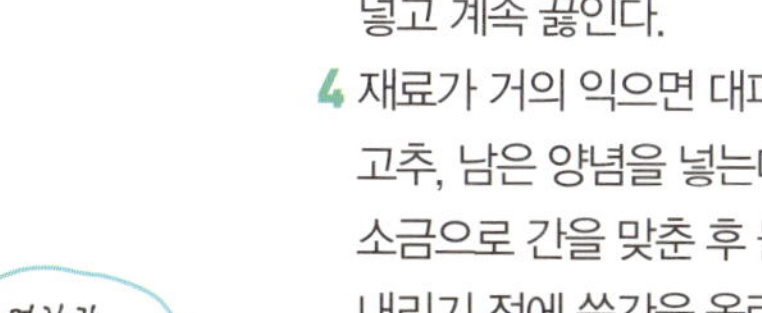

애호박오징어찌개

애호박은 몸을 따뜻하게 해 주는 성분이
들어 있어 몸이 찬 사람에게 좋다

1 재료를 준비한다

1 애호박과 두부는 2cm 굵기로 썰고

2 물오징어는 손질하여 안쪽에 사선으로 칼집을 넣어 2×4cm 크기로 썬다.

오징어의 내장을 들어내고 껍질을 벗기세요

3 고추는 송송 썰어 속씨를 제거한다.

4 대파는 0.5cm 두께로 송송 썰고 양파는 저며 썬다.

재료 (4인분)

애호박 ·········· 1/3개
물오징어 ········· 1마리
두부 ············ 1/4모
다시마 10cm 크기 ··· 2장
양파 ············ 1/4개
풋고추·붉은고추 ···· 1개씩
대파 ············ 1/3대
소금·후춧가루 ····· 조금씩
멸치국물 ·········· 3컵

오징어양념장

고춧가루·다진마늘 1큰술씩
고추장 1/2큰술, 간장 1큰술
다진 생강·청주 1작은술씩
후춧가루·참기름 적당량씩

Cooking SOS!

애호박 고르기

호박은 초록색이 짙은 것보다 연한 녹색을 띠는 것이 연하고 달착지근한 맛이 납니다. 몸을 따뜻하게 하는 작용을 하며 주성분은 당질이지만 식물성 섬유와 무기질이 균형 있게 들어 있어요.

30분!

2 양념장을 만들어 오징어를 버무린다

1 오징어 양념 재료를 섞어 양념장을 만든다.

2 양념장에 준비한 물오징어를 버무린다.

3 찌개를 끓인다

1 냄비에 양파와 다시마를 깔고 애호박과 두부, 물오징어무침을 담는다.

2 재료 담은 냄비에 멸치국물을 부어 끓인다.

3 찌개가 끓으면 송송 썬 대파와 고추를 넣고 끓여 소금과 후춧가루로 간을 한다.

어묵찌개

어묵과 채소, 버섯을 넣고 매콤하게 끓인 별미찌개

1 재료를 준비한다

1 어묵은 먹기 좋게 한 입 크기로 썰어 끓는 물에 한 번 넣었다가 바로 건져 기름을 뺀다.

2 무는 나박 썰고 양파는 채썰고 대파는 어슷하게 썰어 준비한다.

3 팽이버섯은 밑동을 자르고 살살 흔들어 씻는다.

4 붉은고추와 풋고추는 어슷하게 썰고 쑥갓은 5cm 길이로 자른다.

재료 (4인분)

모둠어묵	200g
무	100g
팽이버섯	1봉지
양파	1/4개
대파	1/2대
쑥갓	조금
붉은고추	1개
풋고추	2개
다시마 10cm 크기	1장
물	4컵

찌개양념

고추장 2큰술
다진 마늘 1/2큰술
소금 조금

Cooking SOS!

15분!

어묵 손질하기

어묵은 기름에 튀긴 것이므로 끓는 물에 데치거나 끓는 물을 끼얹어 기름을 빼내고 사용하세요. 그래야 찌개 맛이 깔끔합니다. 어묵을 고를 때 제조일자를 확인하고 선택하는 것도 잊지 말고요.

2 재료를 넣고 끓인다

1 냄비에 물을 붓고 다시마와 무를 넣고 고추장을 풀어 끓인다.

2 어묵, 양파, 붉은고추를 넣고 끓이면서 대파, 풋고추, 다진 마늘, 버섯을 넣고 소금 간하여 마무리한다. 쑥갓은 불에서 내리기 전에 올린다.

연두부호박찌개

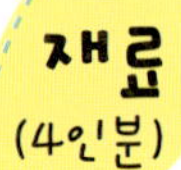

연두부 · · · · · · · · · · · · 1모
호박·양파 · · · · · · 1/2개씩
붉은고추 · · · · · · · · · · 2개
대파 · · · · · · · · · · · · · 1대
다진 마늘 · · · · · · · · 1큰술
고춧가루 · · · · · · · · · 1큰술
간장 · · · · · · · · · · · · 1큰술
고추장 · · · · · · · · · 1/2큰술
소금·후춧가루 · · · · · 조금씩
물 · · · · · · · · · · · · · · 3컵

1 재료를 준비한다

호박은 반달썰기 하고 대파는 큼직하게 어슷 썰고
양파는 채썬다. 고추는 채썰어 씨를 털어낸다.

Cooking SOS!

연두부란?

연두부는 콩물에 응고제를 넣어 그대로
가열, 살균과 동시에 굳힌 것으로 일반
두부와 순두부의 중간 굳기입니다.
부드럽고 소화가 잘 되어 이유식이나
다이어트식으로 좋습니다.

Tip

보통 두부와 순두부의 차이

보통 두부는 콩을 갈아
만든 두유에 응고제를 넣어
굳힌 것이고 순두부는
눌러서 굳히기 전의 상태를
말합니다.

2 재료를 양념하여 끓인다

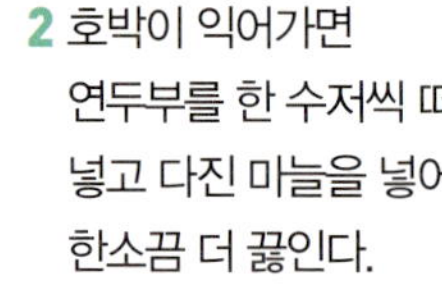

1 냄비에 호박과
양파를 넣고
고춧가루와 간장,
고추장으로 버무린
후 물을 붓고 끓인다.

2 호박이 익어가면
연두부를 한 수저씩 떠
넣고 다진 마늘을 넣어
한소끔 더 끓인다.

3 찌개가 매콤하게
끓으면 대파와
고추를 넣고
소금과 후춧가루로
간을 한다.

얼큰한 맛을 살리려면 재료에 고춧가루, 고추장, 간장을 넣어 버무린 후
끓인다. 고추장과 고춧가루의 분량을 조금 더 늘려도 좋다
66
kcal

연배추갈비탕

아이들의 성장발육에 꼭 필요한 고단백 식품인 갈비와
비타민 C 함량이 풍부한 연배추로 끓인 갈비탕

1 재료를 준비한다

1 갈비는 찬물에 30분쯤 담가 핏물을 빼고

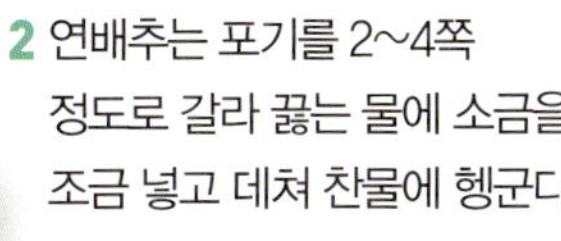
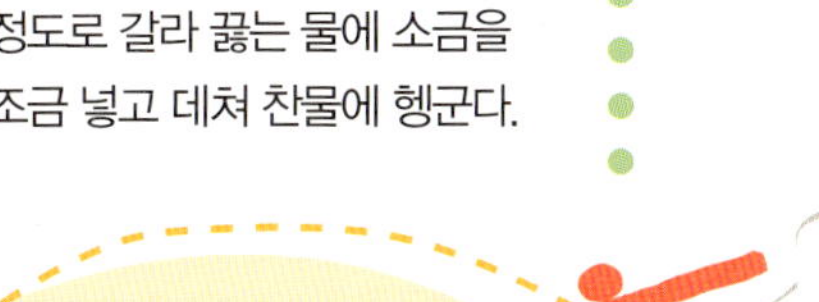

2 연배추는 포기를 2~4쪽 정도로 갈라 끓는 물에 소금을 조금 넣고 데쳐 찬물에 헹군다.

재료 (4인분)

쇠갈비 ············· 6대
연배추 ··········· 200g
무 ············· 100g
풋고추·붉은고추 ·· 1/2개씩
대파 ··········· 1~2대
물 ············· 10컵

향신채소
대파 1대, 마늘 3쪽
저민 생강 조금

양념장
고추장 1/2큰술
된장·국간장 2큰술씩
소금 조금, 다진 파 1작은술
다진 마늘 1/2큰술
대파 1/2대, 참기름 조금

2 갈비를 끓인다

1 냄비에 갈비를 넣고 물을 부어 센 불에서 끓이다가 첫 물은 버리고

2 다시 물 10컵을 부은 다음 큼직하게 썬 무와 대파, 마늘 저민 생강을 넣고 1시간 정도 중약 불에서 푹 무르도록 끓인 후

3 삶은 무는 나박 썬다.

Cooking SOS!

1시간 30분!

쇠갈비의 효능

쇠갈비는 지방질이 많아 혈압이 높은 사람들은 조심해야 할 식품이지만 채소와 함께 음식을 만들면 콜레스테롤이 혈관에 침착하는 것을 예방해 줍니다. 기운이 떨어지고 맥이 없을 때 끓여 먹을 수 있는 추천할 만한 메뉴이지요.

3 양념장을 만들어 무친다

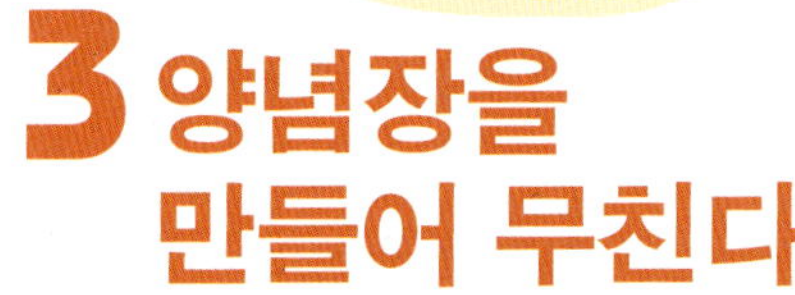

1 양념장 재료를 분량대로 섞어
2 나박썬 무와 연배추를 양념장의 반 분량으로 무친다.
3 갈비도 나머지 양념장으로 무친다.

4 탕을 끓인다

양념한 무와 연배추, 갈비에 고기 삶은 물을 부어 끓이다가 고추와 대파를 어슷 썰어 넣는다. 한소끔 끓인 후 소금으로 간한다.

완성

오삼불고기전골

필수지방산이 듬뿍 들어 있는 돼지고기와 양질의 단백질
식품인 두부, 각종 채소가 어우러진 별식 전골이다

1 고기와 오징어를 준비한다

재료 (4인분)

삼겹살 · · · · · · · · · · 400g
오징어 · · · · · · · · · · 2마리
김치 · · · · · · · · · · 100g
두부 · · · · · · · · · · 1/4모
가래떡 · · · · · · · · · · 100g
양파 · · · · · · · · · · 1/2개
대파 · · · · · · · · · · 1대
쑥갓 · · · · · · · · · · 10대
깻잎 · · · · · · · · · · 10장
당근 · · · · · · · · · · 50g
육수 · · · · · · · · · · 적당량

전골양념장
고춧가루 3큰술
고추장 1큰술
다진 마늘 2큰술
다진 생강 1작은술
국간장 1/2큰술
청주 2큰술, 후춧가루 조금

고기양념
다진 마늘 1작은술
다진 생강 1/2작은술
소금·후춧가루 조금씩

1 삼겹살은 적당한 크기로 썰어서 분량의 고기양념으로 밑간한다.

2 오징어는 껍질을 벗겨 둥글게 썬다.

Cooking SOS! 25분!

전골을 제대로 즐기려면?

전골은 따끈하면서 모양새가 예뻐야 제맛이 납니다. 재료를 미리 손질해 두었다가 전골냄비에 가지런히 안친 후 국물을 붓고 상에서 직접 끓이면서 먹는 것이 제격이에요.

2 부재료를 손질한다

1 김치와 양파는 굵게 채썰고, 대파는 어슷하게 썬다.

2 두부는 납작하고 두툼하게 썰고, 당근도 납작하게 썬다.

3 깻잎은 깨끗이 씻어 굵직하게 채썰고, 가래떡도 말랑하게 데쳐서 한 입 크기로 썬다.

4 쑥갓도 같은 길이로 썰어 준비한다.

3 양념장을 얹어 끓인다

1 냄비에 준비한 전골 재료를 둥글게 돌려 담고 양념장을 넣은 후

2 재료가 잠길 정도로 육수를 부어 끓인다. 먹기 직전에 쑥갓과 깻잎을 올려 한소끔 더 끓인다.

우럭매운탕

우럭과 쇠고기, 갖은 채소가 들어간 매운탕은
시원하고 매콤하여 속풀이 찌개로 좋다

1 우럭을 손질한다

우럭은 아가미를 떼어내고 내장을 제거해서
3~4토막으로 자른다.

재료 (4인분)

우럭	1마리
무	100g
쇠고기	50g
두부	1/2모
애호박	1/2개
미나리	조금
풋고추·붉은고추	3개씩
대파	1대
물	4컵

양념
다진 생강 1작은술
다진 마늘·고춧가루 1큰술씩
고추장 2큰술, 된장 1/2큰술
간장·참기름 조금씩

2 부재료를 준비한다

1 쇠고기는 잘게 썰고, 미나리는 다듬어
씻어 3~4cm 길이로 자른다.
2 무는 나박 썰고 두부는 1cm 두께로
넓적하게 썬다.

3 애호박은 반달
모양으로 도톰하게
썰고 고추와 대파는
어슷 썬다.

Cooking SOS!

비린내를 없애려면

매운탕은 생선의 비린내를 말끔히
제거해야 제맛이 나므로 손질해서 알맞게
잘라 뜨거운 물을 끼얹으세요. 이렇게 하면
미처 손질 못한 비늘 같은 것도 떨어져요.
또 매운 양념을 쓰거나 쑥갓처럼
향이 강한 채소를 넣어도 생선의
비린내를 제거할 수 있어요.

3 준비한 재료를 끓인다

1 냄비에 참기름을 두르고
잘게 썬 쇠고기를 볶는다.

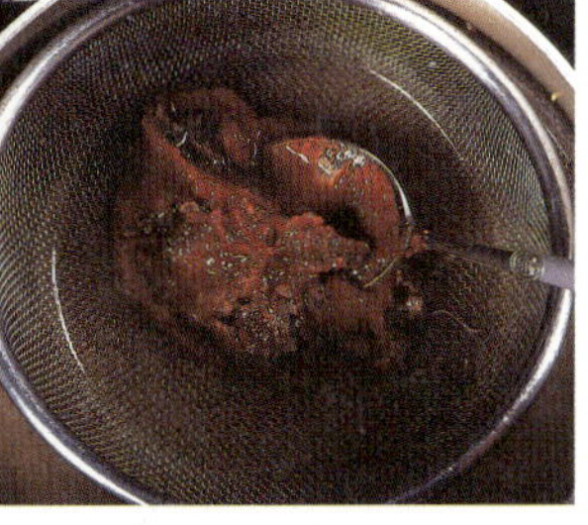

2 쇠고기가 볶아지면 물을 붓고
고추장과 된장을 체에 밭쳐
풀어 끓이면서
3 무와 우럭을 넣고 간장으로
간을 한 후
4 채소와 두부, 다진 생강,
다진 마늘, 고춧가루를 풀어서
한소끔 끓인다.

육개장

쇠고기에 감초를 넣어 삶으면 잡맛이 없어져 국물맛이 깔끔하다.
각각의 재료는 잘 손질해 밑간을 해서 끓인다. 그래야 육개장이 제맛이 난다

1 쇠고기 삶아 준비한다

1 양지머리와 감초에 물 8컵을 붓고 서서히 끓이면서 떠오르는 불순물은 걷어낸다.

2 양지머리가 삶아지면 건져내어 결대로 찢어 양념에 무쳐 둔다.

재료 (4인분)

쇠고기(양지머리) ··· 400g
감초 ·············· 20g
대파 ·············· 5대
데친 숙주 ········· 300g
불린 고사리 ········ 80g
데친 느타리버섯 ····100g
데친 미나리 ········100g
소금·후춧가루 ····· 조금씩
물 ·············· 8컵

고기양념

고춧가루 2큰술
다진 마늘 1큰술
참기름 2작은술

무침양념

고춧가루 2큰술
고추기름 1/2큰술
다진 마늘 2큰술
후춧가루·참기름 조금씩

Cooking SOS!

육수 만들 때 감초를 넣는 이유

감초는 여러 약들을 조화시키고 중화하는 기능이 있어요. 감초를 고기 삶는데 넣으면 고기 특유의 냄새도 없애주고 육질도 연해집니다. 감초는 혈액 순환을 돕고 뼈를 튼튼하게 하는 효능도 있답니다.

2 채소를 손질한다

1 대파는 데친 후 찬물에 헹궈 3~4cm 길이로 자른다.

2 데친 숙주와 불린 고사리도 3~4cm 길이로 썬다.

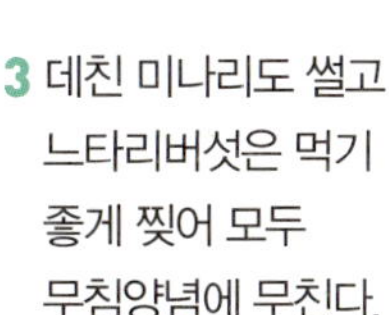

3 데친 미나리도 썰고 느타리버섯은 먹기 좋게 찢어 모두 무침양념에 무친다.

3 재료넣어 끓인다

큼직한 냄비에 양념해둔 재료들을 넣고 고기 삶은 육수를 부어 끓인다. 육수가 모자라면 물을 붓고 소금과 후춧가루로 간한다.

조개순두부찌개

부드러운 순두부찌개는 아침상에 올려도 부담이 없다.
조갯살과 고추기름을 사용해 감칠맛과 매콤한 맛이 있다

1 재료를 준비한다

1 맛조개는 살만 발라내어 옅은 소금물에 헹궈 물기를 뺀다.
2 양파와 대파는 굵게 채썰고 고추는 송송 썬다.

맛조개 · · · · · · · · · · 100g
순두부 · · · · · · · · · · · 1컵
양파 · · · · · · · · · · · · 1/4개
대파 · · · · · · · · · · · · · 1대
풋고추·붉은고추 · · · · 1개씩
다시마 우린 물 · · · · 3~4컵
찌개양념
고추기름 1큰술
다진 마늘·생강 1큰술씩
청주 1큰술, 국간장 1작은술
소금·후춧가루 조금씩

Cooking SOS!

15분!

고추기름 쉽게 만드는 방법

고춧가루와 식용유는 1:10의 비율이
적당합니다. 팬에 식용유를 넣고 끓기
직전까지 열을 가한 다음 불을 끄고
고춧가루를 넣어 볶습니다. 고춧가루에
기름이 푹 배어들면 거름종이에 걸러
기름만 받으면 됩니다.

2 맛조개 국물을 만든다

냄비에 고추기름을 두르고 맛조개와 양파채,
다진 마늘 · 생강, 청주를 넣고 달달 볶다가
다시마 우린 물을 붓고 끓인다.

3 순두부 넣어 끓인다

1 국물이 끓으면 순두부를 한 숟가락씩
큰직하게 떠서 넣고 끓이면서

2 대파채와 고추를 넣고
국간장, 소금, 후춧가루로
간을 맞춘다.

조기 맑은탕
양질의 단백질이 풍부하고 소화도 잘돼 어른, 아이 모두에게 좋으며
기운 돋아주는 효과가 있다
생선은 오래 끓이면 살이 단단해집니다. 먹기 직전에 바로 넣어 끓이세요.
195 kcal

1 재료를 손질한다

1 조기는 노란색이 도는 참조기로 준비하여 내장을 빼고 손질한 뒤 통째로 씻어 어슷하게 칼집을 서너 번 낸 후 소금을 조금 뿌려 놓는다.

2 무는 2cm 크기로 나박썰기 하고 붉은고추는 어슷하게 썰어 씨를 턴다.

3 쑥갓은 씻어 손으로 한 가지씩 짧게 뜯어 놓고 생강은 강판에 갈아 거즈로 싸서 꼭 짠다.

조기	2마리
무	100g
쇠고기	50g
붉은고추	1개
쑥갓	50g
다진 마늘	2작은술
국간장	2큰술
소금	조금
생강즙	1작은술
물	4컵

고기양념

다진 마늘 1/2작은술
소금·후춧가루 조금씩
참기름 1/2작은술

Cooking SOS! 30분!

조기 손질법

조기는 토막을 내어 씻으면 물에 닿는 면적이 많아져서 영양소와 맛있는 성분이 달아나기 쉽습니다. 아가미로 내장을 빼내고 비늘을 말끔히 긁은 다음 통째로 씻어서 국에 넣으세요.

2 쇠고기를 양념한다

쇠고기는 얄팍하게 저며 썰어 고기양념에 재워 둔다.

1 양념한 고기를 볶다가 물을 붓고 무를 넣어 고기장국을 끓인다.

2 고기장국이 펄펄 끓으면, 조기를 넣어 중불에서 15분 정도 끓인다.

3 양념한 고기를 볶다가 물을 부어 끓인다

3 조기맑은탕이 끓으면 다진 마늘과 생강즙을 넣고 국간장으로 간을 한 후 어슷썬 붉은고추와 쑥갓을 넣고 마무리 한다.

조기매운탕 1

봄철에 가장 맛이 좋은 조기매운탕은 쇠고기를 넣어
함께 끓이면 진한 국물맛을 즐길 수 있다

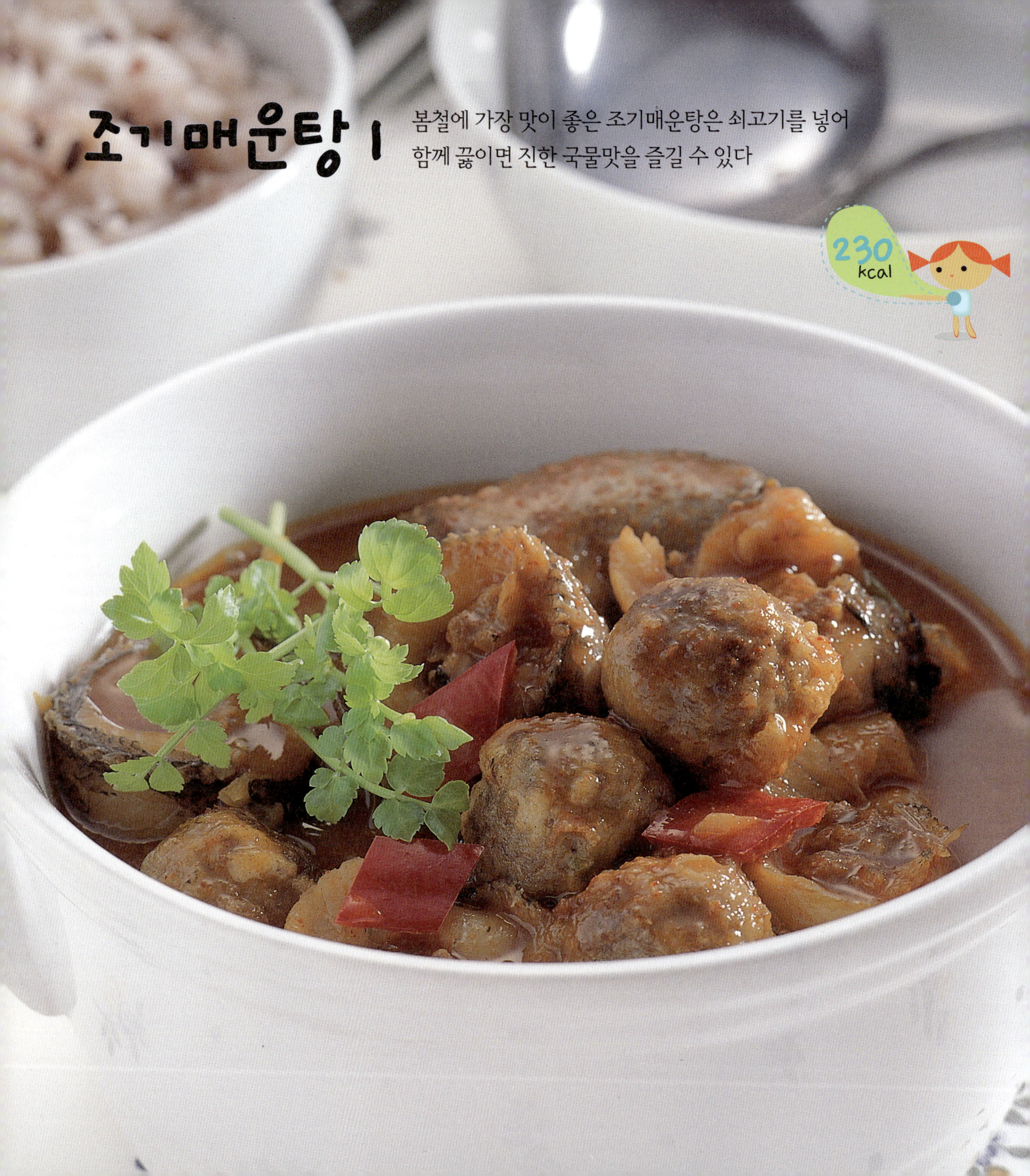

1 재료를 준비한다

1 조기는 비늘을 긁고 앞뒤로 2장이 되도록 포를 뜬 후 소금, 후춧가루를 뿌려서 밑간한다.

2 쇠고기는 곱게 다져서 분량의 양념을 넣고 조물조물 무쳐 놓는다.

3 실파는 살짝 데쳐 찬물에 헹궈 물기를 빼 둔다.

재료 (4인분)

조기 · · · · · · · · · · 1~2마리
쇠고기 · · · · · · · · · · 100g
실파 · · · · · · · · · · · · · 조금
쑥갓 · · · · · · · · · · · 50g
붉은고추 · · · · · · · · · · 2개
소금 · · · · · · · · · 1/2작은술
후춧가루 · · · · · · · · · 조금
물 · · · · · · · · · · · · · · 4컵

고기양념
간장·소금 1작은술씩
설탕 1/2큰술
다진 파 2작은술
다진 마늘 1작은술
깨소금·참기름 1작은술씩
후춧가루 조금

탕양념
고추장 4큰술, 간장 2큰술
대파 1대
다진 마늘 3쪽 분량

2 국물을 만든다

조기살을 뜨고 남은 뼈와 머리에 물 4컵과 고추장, 간장, 파, 마늘을 분량대로 넣어 맛이 우러나도록 푹 끓인 후 국물만 걸러 둔다.

Cooking SOS!

조기의 특징

조기란 기운을 북돋워준다는 의미에서 붙여진 이름. 지방 함량이 5% 이하로 맛이 담백하고 깊은 바다에 살면서 운동을 별로 하지 않아 살이 비교적 연한 편입니다.

25분!

3 조기살에 쇠고기를 만다

1 포 뜬 조기살 위에 쇠고기 양념한 것을 조금씩 놓고 돌돌 말아

2 데쳐 놓은 실파로 가운데를 동여맨다.

4 전골냄비에 담아 끓인다

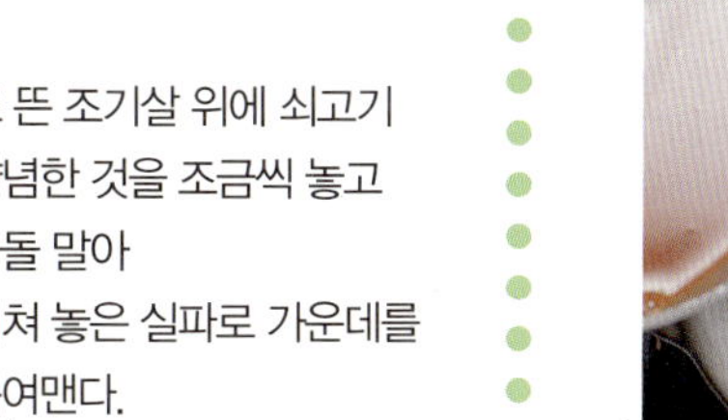

1 전골냄비에 조기말이를 가지런히 담고 국물을 부어 끓이면서 붉은 고추를 썰어 넣고, 소금으로 간해 끓인다.

2 불에서 내리기 직전에 쑥갓을 넣고 잠시 끓인다.

조기매운탕 2

고춧가루로 매운맛을 내고 무와 쑥갓을 넣어 시원한 맛을 더한다

1 재료를 준비한다

1 조기는 비늘을 벗기고
깨끗하게 씻어
2~3토막으로 자른다.

2 무는 나박썰기 하고
대파와 양파는
굵직하게 채썬다.

3 풋고추는 어슷 썰어
씨를 턴다.

재료 (4인분)

조기 · · · · · · · · · · · 2마리
무 · · · · · · · · · · · · 100g
대파 · · · · · · · · · · · · 1대
양파 · · · · · · · · · · · 2/3개
풋고추 · · · · · · · · · · · 2개
쑥갓 · · · · · · · · · · · 조금
멸치다시마국물 · · · · · · ·5컵

매운탕양념
고춧가루 1큰술
다진 마늘 2작은술
청주 1/2큰술
소금·후춧가루 조금씩

25분!

Cooking SOS!

맛있는 조기를 고르려면

참조기는 주둥이 주변이 주황빛이
나고 몸은 연한 황금색이 돌며 배쪽이
노란빛을 띠는 게 좋아요. 또한
지느러미가 짧고 살에 탄력이 있으며
비늘이 밀착되어 있는 것이
맛있습니다.

2 탕국물을 만든다

멸치다시마국물에 매운탕양념을
풀어 끓인다.

3 조기 넣어 끓인다

Good

1 국물이 끓으면 무와 조기를 넣어
끓이면서 대파, 양파, 풋고추 등을
넣고 끓이다가

2 불에서 내리기 전에 쑥갓을 올려
향을 더한다.

청국장찌개

청국장 국물에 고춧가루만 조금 넣고 끓이는 것이 보통이지만
청양고추를 넣어 얼큰한 맛을 살렸다

1 재료를 준비한다

1 쇠고기는 얄팍하게 저며 썰어 밑간한다.

2 배추김치는 속을 털어내고 송송 썰어 놓고 두부는 한 입 크기로 자른다.

3 애호박은 반달 모양으로 썰고, 대파와 청양고추, 붉은고추는 어슷하게 썬다.

재료 (4인분)

쇠고기	100g
두부	1모
배추김치	150g
애호박	50g
대파	1대
청양고추·붉은고추	1개씩
청국장	2~3큰술
고운 고춧가루	1큰술
소금	조금

멸치국물
국물용 멸치 8~10마리
물 4~5컵

고기양념
진간장 1/2작은술
다진 마늘 1/2작은술

2 멸치국물에 끓인다

1 국물용 멸치로 멸치국물을 만든다.

2 냄비에 밑간한 쇠고기를 볶다가 멸치국물을 붓고 끓이면서 거품을 걷어낸다.

3 거품을 걷어낸 국물에 청국장을 푼 후 김치, 애호박, 두부, 대파, 청양고추, 붉은고추를 넣고 한소끔 끓인다.

Cooking SOS!

청국장의 영양

청국장은 암과 변비를 예방하는 최고의 장수 식품이에요. 인체에 꼭 필요한 칼슘, 마그네슘, 칼륨, 아연, 셀라늄 등이 균형적으로 들어 있고 엽산, 비타민 B_2, B_6, B_{12}, 비타민 E, 비타민 K 등도 풍부하여 건강 지킴이 역할을 톡톡히 합니다.

3 고춧가루를 넣어 끓인다

마지막에 고춧가루를 넣어 매콤하게 한소끔 끓여 완성한다.

추어탕

'추어' 라는 이름처럼 미꾸라지는 가을이 제철로 더위에 잃은 기력을 보충해 주는
보양 음식으로 손꼽힌다. 미꾸라지를 믹서에 갈아 먹기에 부담이 없다

172 kcal

1 미꾸라지를 준비한다

1 호박잎과 소금을 담은 비닐봉지에 미꾸라지를 넣고
  잘 봉해 15분 정도 두었다가 헹궈
2 끓는 물에 미꾸라지와 큼직하게 썬 양파와 대파, 마늘,
  저민 생강을 넣고 1시간 정도 곤 다음
3 채소는 건져내고 미꾸라지는
  믹서에 갈아 체에 밭쳐 살만
  걸러낸다.

재료 (4인분)

미꾸라지	300g
우거지	400g
호박잎	2~3장
마늘	5쪽
양파	1/2개
대파	2대
생강	1톨
불린 멥쌀	2큰술
들깨가루	적당량
굵은 소금	1컵
된장	1큰술
물	9컵

양념장

고추장 1큰술
된장·고추 간 것 2큰술씩
산초가루 조금
국간장·다진 파 4큰술씩
생강즙 1큰술
다진 마늘 2큰술
소금·후춧가루 조금씩

Cooking SOS!

미꾸라지 냄새를 없애려면?

향신료들을 지나치게 많이 넣으면
추어탕 고유의 맛이 없어집니다.
대신 산초가루를 써보세요.
산초는 향이 강해 비린내를
없애는데 그만입니다.

2 우거지를 양념한다

1 그릇에 분량의 재료를 섞어
  양념장을 만들고
2 우거지는 삶아서 먹기 좋게 썬 다음
  양념장의 반을 넣어 버무린다.

3 된장 풀어 끓인다

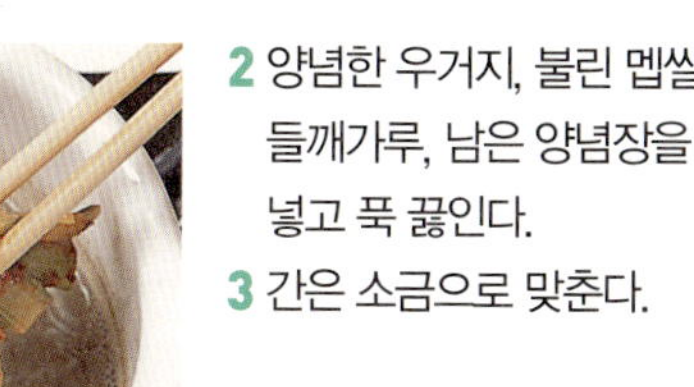

1 체에 거른 미꾸라지에 물을 붓고 된장을
  잘 풀어 끓이다가
2 양념한 우거지, 불린 멥쌀,
  들깨가루, 남은 양념장을
  넣고 푹 끓인다.
3 간은 소금으로 맞춘다.

콩물우거지냄비
삼겹살을 색다르게 먹을 수 있는 요리. 콩물을 넣어 구수하고
우거지와 삼겹살을 건져 먹는 맛도 좋다
380 kcal

1 재료를 준비한다

1 돼지고기는 도톰하게 썰어 양념에 무쳐둔다.

2 우거지는 삶아 찬물에 여러 번 헹궈 물기를 꼭 짠 후 송송 썬다.

3 대파는 어슷 썰고 고추는 송송 썰어 씨를 턴다.

재료 (2인분)

흰콩 · · · · · · · · · · · 5큰술
돼지고기(목삼겹살) · · 350g
우거지 · · · · · · · · · 250g
대파 · · · · · · · · · · · · · 1대
청양고추·붉은고추 · · 1개씩
참치액소스 · · · · · · · · 1큰술
멸치국물 · · · · · · · · 1컵 반

고기양념

고운 고춧가루 1큰술
고추장 1작은술
다진 마늘 1큰술
다진 생강 1/4작은술
청주 1큰술
소금·후춧가루 조금씩

Cooking SOS!

목삼겹살을 다르게 먹는 법

된장양념을 발라 구워 먹어도 맛있어요. 프라이팬에 기름을 두르고 구워 먹으면 되는데 된장양념을 했기 때문에 냄새도 나지 않고 기름기도 없어 맛있습니다.

30분!

---

2 콩물육수를 만든다

1 흰콩은 물에 불려 삶은 다음 물 1컵 반을 부어서 믹서에 곱게 갈아 체에 밭쳐 콩물만 받는다.

2 콩물과 멸치육수를 섞어 끓인다.

---

3 우거지 넣어 끓인다

1 육수가 끓으면 우거지와 양념해둔 돼지고기를 넣고 참치액소스로 간을 해서 끓이다가

2 대파, 고추를 넣고 소금 · 후춧가루로 간을 한다.

콩비지찌개

콩을 갈아 넣은 국물에 김치와 돼지고기가 함께 어우러져
고소하고 개운한 맛이 난다

483 kcal

1 불린 콩을 간다

1 흰콩은 씻어서 하룻밤 정도 물에 담가 충분히 불린 후 손으로 비벼 껍질을 벗기고 체에 건져 물기를 뺀다.

2 콩을 삶아 믹서에 넣고 콩과 같은 분량의 물을 부어 곱게 간다.

재료 (4인분)

흰콩 · · · · · · · · · · · · · · 2컵
돼지고기 · · · · · · · · · 150g
배추김치·무 · · · · · · · 200g
새우젓국·식용유 · · 1큰술씩
물 · · · · · · · · · · · · · · · · · 3컵

고기양념
간장·다진 파 1큰술씩
다진 마늘 1/2큰술
다진 생강·후춧가루 조금씩
참기름 1/2큰술

양념간장
간장 4큰술, 다진 파 2큰술
고춧가루·설탕 1/2큰술씩
깨소금·다진 마늘1큰술씩
참기름 1큰술

Cooking SOS!

고소한 맛의 콩비지를 끓이려면?

콩비지찌개는 중불에서 서서히 끓여야 넘치거나 눌어붙지 않아요. 양념간장을 섞어 먹으려면 콩비지 간을 조금 심심하게 하는 것이 좋습니다.

30분!

2 재료를 준비한다

1 돼지고기는 2cm 크기로 썬 다음 분량의 양념으로 밑간하고
2 배추김치는 양념을 털어내고 2cm 길이로 썬다.

3 무도 껍질을 벗기고 굵직하게 채썬다.

3 찌개를 끓인다

1 냄비에 기름을 두르고 돼지고기를 볶다가 배추김치를 함께 볶으면서 무 채썬 것을 넣고
2 물 3컵을 부은 후 갈아놓은 콩을 가만히 부어 중불에서 서서히 끓여 새우젓국으로 간한다.

3 양념간장을 만들어 곁들인다.

표고버섯들깨 찌개
버섯에 항암물질이 있다는 사실이 알려지면서
버섯요리가 인기다. 특히 찌개 재료로 안성맞춤
280 kcal

1 재료를 준비한다

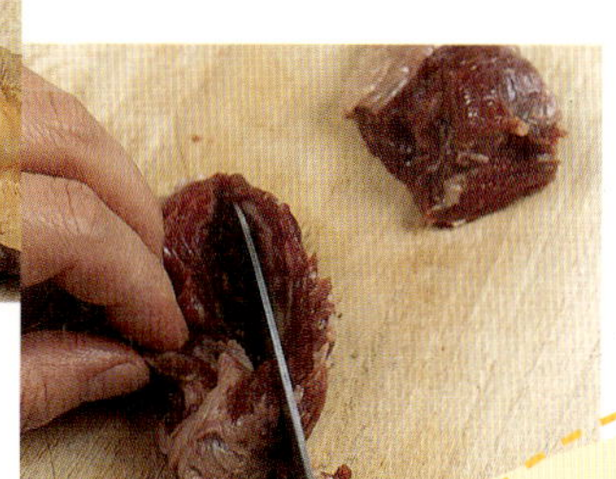

1 표고버섯은 기둥을 자르고 도톰하게 저며 썬다.

2 쇠고기는 기름기가 조금 있는 양지머리로 준비해 굵직하게 썬다.

재료 (4인분)

표고버섯	4개
쇠고기(양지머리)	150g
들깨가루	3큰술
대파	1/2대
국간장	조금
다진 마늘	1/3작은술
소금	1/4작은술
물	5컵

30분!

2 들깨가루를 섞는다

표고버섯과 쇠고기에 들깨가루를 고루 섞는다.

Cooking SOS!

들깨가루를 만들려면

들깨에 물을 조금 붓고 바락바락 주물러 씻어 겉껍질을 흘려 보내야 하는데 잘못하면 깨가 휩쓸려 나가게 되므로 고운 체를 이용해서 씻어야 합니다. 깨끗이 씻은 들깨는 살짝 볶아 분마기에 빻아 병에 담아 놓고 이용하세요.

완성

3 재료를 넣어 끓인다

1 들깨가루에 버무린 쇠고기와 표고버섯을 볶다가 물을 부어 한소끔 팔팔 끓이다가

2 불을 약하게 줄여 은근히 끓인다.

3 국이 다 끓었을 때 다진 마늘과 대파를 큼직하게 썰어 넣고

4 국간장과 소금으로 간한다.

해물찌개

각종 해물을 넉넉히 넣고 매콤하게 끓인 찌개.
해물에서 우러나온 국물맛이 입에 짝짝 달라붙는다

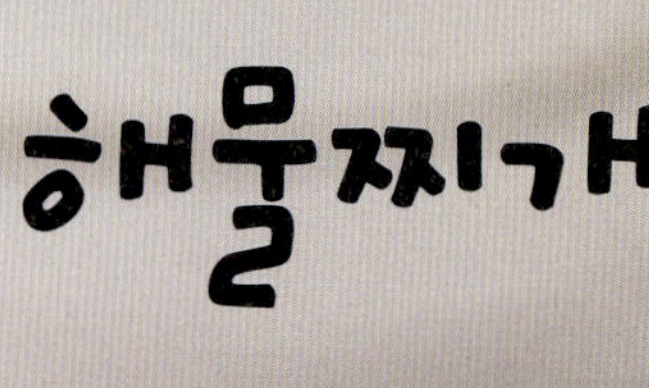

1 재료를 준비한다

2 주꾸미와 오징어도 손질해 먹기 좋은 크기로 자른다.

3 호박은 반달 모양으로 썰고 양파는 굵직하게 채썰고 고추는 어슷 썬다.

1 새우와 모시조개는 기본 손질 후 소금물에 흔들어 씻고

재료 (4인분)

새우	150g
모시조개	100g
주꾸미	4마리
오징어	1/2마리
호박	1/4개
양파	1/2개
풋고추·붉은고추	1/2개씩
소금	조금
물	4컵

찌개양념

국간장 1큰술
고춧가루 1/2큰술
다진 마늘 1작은술
소금·후춧가루 조금씩

20분!

Cooking SOS!

민물새우로 끓여도 되는지?

새우는 참새우, 대하, 보리새우 등 종류가 많습니다. 하지만 그 중에서 제일 맛있는 것이 민물새우랍니다. 민물새우에 고춧가루를 풀어 넣고 무와 각종 채소를 넣어 끓이면 참 맛있습니다.

2 국물을 끓인다

냄비에 물을 붓고 새우와 모시조개를 먼저 끓인다.

3 재료 넣고 끓인다

1 국물이 맛이 돌면 손질한 해물과 채소를 넣어 끓이다가

2 찌개양념으로 맛을 낸다.

해물탕
해물에서 우러난 시원한 국물에 매운양념장을 풀어
얼큰하게 끓인 속풀이국
223 kcal

1 해물을 준비한다

1 꽃게는 솔로 문질러 씻은 다음 먹기 좋은 크기로 자른다.

2 조개는 연한 소금물에 2시간 이상 담가 해감을 한 후 씻어 건진다.

3 주꾸미와 새우는 기본손질을 한 다음 연한 소금물에 씻어 건진다.

4 생태는 기본손질 후 3~4토막을 낸다.

꽃게 · · · · · · · · · · · 1마리
생태 · · · · · · · · · · · 1마리
조개 · · · · · · · · · · · 1/3컵
새우 · · · · · · · · · · · 8마리
주꾸미 · · · · · · · · · · 4마리
쑥갓·무 · · · · · · · · 150g씩
미나리·콩나물 · · · · 조금씩
대파 · · · · · · · · · · · 1/3대
다시마국물 · · · · · · · · · 4컵
소금·후춧가루 · · · · · 조금씩

매운양념장

고춧가루 3큰술, 간장 1큰술
다진 양파 3큰술
청주 1/2큰술, 다진 파 1큰술
다진 마늘·붉은고추 1큰술씩
깨소금·후춧가루 조금씩
참기름 조금

2 채소를 준비한다

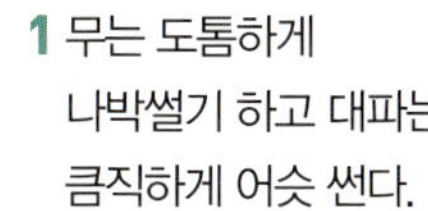

1 무는 도톰하게 나박썰기 하고 대파는 큼직하게 어슷 썬다.

2 미나리는 줄기만 씻어 6cm 길이로 썰고 콩나물과 쑥갓은 다듬어 씻어둔다.

Cooking SOS!

얼큰한 국물맛 살리기

해물탕 국물이 더 맛있으려면 신선한 해물을 고르고 다시마국물을 넣으면 감칠맛이 납니다. 비린내를 없애려면 마지막에 청주를 몇 방울 넣어 보세요. 얼큰한 국물을 원하면 붉은고추와 함께 청양고추를 썰어 넣으시고요.

15분!

3 매운양념장을 풀어 끓인다

1 고춧가루, 간장, 다진 양파, 다진 파, 다진 고추 등을 분량대로 골고루 섞어 매운양념장을 만든다.

2 전골냄비에 준비한 해물과 콩나물, 무를 담고 다시마국물을 부은 후 매운양념장을 풀어 끓이면서 거품을 걷어낸다.

3 한소끔 끓으면 대파와 미나리를 넣고 쑥갓은 먹기 직전에 넣는다.

언제나 싱싱한 우리집
냉장고 만들기

검은 봉투 NO! 투명 용기 OK!

냉장고에 보관할 식품은 내용물을 쉽게 식별할 수 있는 투명한 용기나 봉투에 담아 꺼내기 쉽게 수납한다. 검은 봉투에 담아 놓으면 지저분하고 속도 안보여 불편하다.

보관 식품에 이름표 붙이기

식품 이름과 보관 날짜를 적어 밀폐용기에 붙여 놓는다. 글자가 번지지 않도록 유성펜을 사용한다. 식품마다 이름표를 붙여두면 보관 식품을 계획성 있게 쓸 수 있어 식비 절감 효과도 있다.

냉장고의 식품 재고분을 점검한 후 장보기

장을 보기 전에 미리 냉장고 속 식품 재고분을 점검한 후 일주일 단위로 꼼꼼하게 식단을 짜서 필요한 만큼의 식품만 구입하면 음식물 쓰레기를 줄일 수 있고 식비도 아낄 수 있다.

식품 보관 목록 만들어 붙이기

식품을 장기간 보관해야 할 경우 자칫 어떤 것을 보관했는지 잊어버릴 수가 있으므로 냉장고 안에 있는 식품 목록을 적어 냉장고 겉면에 붙여 놓자.

1 냉동보관 5가지 요령

1. **신선한 식품을 냉동한다** 냉동보관하더라도 기간이 길어질수록 맛이 떨어지므로 신선할 때 냉동한다.
2. **랩으로 싼 후 다시 비닐팩에 보관한다** 랩이나 비닐팩에 보관할 때는 빈틈없이 싸 식품이 산화되지 않게 한다.
3. **편편한 상태로 보관한다** 냉동할 식품은 가능하면 편편한 상태로 펼쳐서 보관해야 균일하게 냉동된다. 얇은 형태로 보관하면 해동도 빠르고 보관하기도 쉽다.
4. **냉동 날짜를 적어둔다** 냉동시킨 날짜를 적어둔다. 고기와 어패류는 3주, 채소는 한 달을 넘기지 않도록 한다.
5. **알루미늄 재질 용기에 담아 보관한다** 급속 냉동을 위해 알루미늄 재질의 쟁반에 옮겨 담아 냉동한다.

2 냉동보관 정리 아이디어

1. 우유팩에 육수나 국물을 담아 얼렸다가 필요할 때마다 꺼내 쓴다.
2. 플라스틱 바구니나 밀폐용기로 공간 활용도를 높일 수 있다.
3. 콩이나 깨 등의 곡류를 오래 보관할 때는 페트병에 담아둔다.
4. 유리병은 피하고 플라스틱 보관용기에 담아 보관한다.

3 냉동보관 하지 말아야 할 음식

1. 젤리가 들어간 빵이나 파이는 얼리면 물기가 생기고 부서지므로 피한다.
2. 떠먹는 요구르트나 휘핑크림, 마요네즈도 기름과 물이 분리된다.
3. 튀김도 바삭함이 없어지고 눅눅해지므로 냉동보관하지 않는다.

4 냉동포장의 기본

1. 랩으로 싼 후 비닐팩에 넣는다.
2. 재료는 직접 손으로 만지기보다 비닐장갑을 끼고 손질해 보관한다.

5 고기보관은 이렇게

1. 구입할 때의 포장을 활용하면 날짜를 확인할 수 있다.
2. 고기를 비닐팩에 담아 밀봉하고 겉면에 보관한 날짜를 쓴다.
3. 알루미늄 재질 용기에 담아두면 급속 냉동이 가능하다.
4. 쿠킹호일로 싸면 빠른 시간에 냉동이 가능하다.

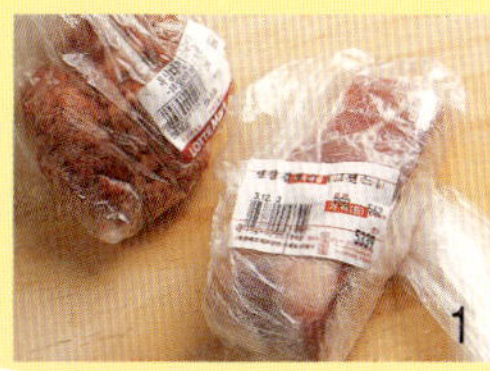

냉동실 골칫덩이
해치우는 방법

냉장고 문을 열면 쿵~하고
떨어지는 검은 비닐 봉지.
그 정체는 바로 지난 명절 때
먹다 남은 전뿐 아니라
얼린 과일, 붙어버린 돌김,
나물 삶아 놓은 것 등
냉동실의 이 구석 저 구석에
냉동되어 있는 것들이다.
어떻게 해동해서 활용할 수
있는지 알아보자.

지난 추석 때 남은 음식

부침개, 모듬 전골에 사용한다

1 각종 전은 실온에 두어 살짝 해동되었을 때 적당한 크기로 자른다.
2 양파는 모양대로 채썰고, 느타리버섯은 굵은 것은 반으로 찢어 둔다.
3 무는 큼직하게 썰고, 배추는 잎부분만 잘라 작게 썬다. 대파, 고추는 어슷 썰어 둔다.
4 냄비에 큼직하게 썬 무를 바닥에 깔고, 준비한 채소들을 가지런히 돌려서 담는다.
5 가운데 부분에 전을 소복이 담고 국물을 부어 센 불에 올려 끓인다. 냉동했던 전을 국물요리에 넣었을 땐, 너무 오래 끓이면 모두 부스러지므로 유의한다.
6 기호에 따라 소금으로 간을 더 맞춘다.

한 번 삶은 나물, 춘권피 소로 활용하기

한 번 데쳐진 나물은 하루만 두어도 금방 쉬므로 꼭 냉동보관한다. 해동시 질감이 그대로라면 잘게 썰어 소로 사용하거나 비빔밥 등에 넣어 먹고, 씹는 맛이 덜할 때는 국을 끓일 때만 넣는다.

 # 얼린 과일들

딸기바나나 스무디를 만든다

1 딸기는 냉동한 경우 너무 딱딱해서 믹서에 갈리지 않으므로 냉장실에 두어 반 정도 해동시킨 후 믹서에 간다. **2** 언 바나나는 꺼내어 잠시 두었다가 칼로 잘라 딸기와 함께 우유, 얼음을 넣고 갈아 준다. **3** 설탕시럽을 조금 곁들이거나 땅콩가루를 곁들이면 좋다.

천연 미용재료로 활용한다

차가울수록 피부 탄력 효과가 뛰어난 천연 미용 팩. 냉동실에 넣어 둔 키위나 바나나를 살짝 해동시킨 후 강판에 갈아 플레인 요구르트를 섞어 팩을 하면 여드름 피부 해독 작용에 좋다.

 # 신김치

매콤 달콤 두부김치

1 김치는 실온에 꺼내두었다가 적당한 크기로 썬다. 김치국물은 그대로 사용한다. **2** 양파는 채썰고, 대파와 풋고추는 어슷 썬다. **3** 두부는 작게 썰어 소금을 뿌려 두었다가 물기를 키친타월로 닦고, 전분을 뿌린다. **4** 기름을 달구어 두부를 노릇하게 튀긴다. **5** 프라이팬에 식용유를 두르고 김치를 볶은 후 양념과 손질한 채소를 넣고 살짝 볶아서 참기름, 깨소금, 소금으로 간을 맞춘다.

 # 붙어버린 돌김

바삭바삭한 김부각

1 김은 채반에 널어 잠시 두었다가 적당한 크기로 자른다. **2** 찹쌀가루에 물을 섞어 반죽을 만들고 붓을 이용해 김의 한 면에 얇게 발라 쟁반에 펴서 말린다. **3** 마르면 다시 찹쌀풀을 발라 통깨를 뿌리고 말린 후 가위로 작게 자른다. **4** 160℃로 달궈진 기름에 넣어 타지 않게 살짝 튀긴다. **5** 키친타월에 받쳐 기름을 뺀다.

김가루로 활용하기

냉동김은 실온에 30분 정도 두었다가 한 장씩 떼서 잠시 말려 둔다. 석쇠에 끼워서 살짝 구워 주면 냉동실 냄새도 없어지고 바삭바삭해져 가루를 만들기 쉽다. 가루김은 만두국이나 떡국 등에 뿌려 먹거나 주먹밥 김가루로 활용한다.

index

ㄱ

가자미화이트소스찜 _ 24
갈낙전골 _ 226
감자국 _ 186
감자샐러드 _ 26
감자어묵조림 _ 28
감자채볶음 _ 30
계량법 _ 8
고구마호두조림 _ 32
고등어두반장튀김 _ 34
국수전골 _ 228
굴꼬치구이 _ 38
굴두부국 _ 188
굴두부동그랑땡 _ 36
굴미역무침 _ 40
굴해장국 _ 190
근대토장국 _ 192
김치갈비전골 _ 230
김치감자탕 _ 232
김치마무침 _ 42
김치부침개 _ 44

김치삼겹살찜 _ 46
김치찌개 1 _ 234
김치찌개 2 _ 236
김치참치동그랑땡 _ 48
김칫국 _ 194
꼬리곰탕 _ 238
꽃게찌개 _ 240

ㄷ

다시마튀각 _ 50
달걀찜 _ 52
달걀치즈말이 _ 54
달래오이생채 _ 56
닭매운찜 _ 58
닭살고추장볶음 _ 60
대구지리 _ 242
도가니탕 _ 244
도미양념구이 _ 64
도미양파조림 _ 66
도토리묵무침 _ 68

동태찌개 _ 246
돼지갈비감자탕 _ 248
돼지고기고추장찌개 _ 250
된장찌개 1 _ 252
된장찌개 2 _ 254
두부구이와 파채무침 _ 70
두부김치전골 _ 256
두부선 _ 72
두부양념조림 _ 74
두부젓국찌개 _ 258
두부콩가루국 _ 196
떡불고기볶음 _ 62

ㅁ

마늘종굴소스볶음 _ 76
맛내기 양념 _ 15
망친 요리, 방법은 있다 _ 182
메밀묵김치무침 _ 78
멸치고추볶음 _ 80
모둠버섯전골 _ 260

모둠채소굴소스볶음 _ 82
목살두반장찜 _ 84
몸보신 요리 재료 궁합 _ 222
무국 _ 198
미역게살무침 _ 86
미역홍합국 _ 200

ㅂ

바탕국물 _ 214
배추속대국 _ 202
뱅어포양념구이 _ 88
버섯닭고기맑은국 _ 204
버섯들깨찌개 _ 262
버섯매운찌개 _ 264
버섯불고기찌개 _ 266
버섯자장볶음 _ 90
북어국 _ 206
북어풋고추무침 _ 92
브로콜리참치볶음 _ 94
비타민냉채 _ 96

ㅅ

삼겹살고추장볶음 _ 98
삼겹살와인구이 _ 100
상추버섯겉절이 _ 102
새송이버섯된장볶음 _ 104
생태매운찌개 _ 268
소스&드레싱 _ 176
소시지케첩조림 _ 106
쇠갈비찜 _ 108
쇠고기국수전골 _ 270
쇠고기굴소스볶음 _ 112
쇠고기꼬치구이와 겉절이 _ 110
쇠고기장조림 _ 116
쇠고기찌개 _ 272
쇠고기채소구이 _ 114
쇼핑 노하우 _ 18
숙주나물들깨무침 _ 118
스끼야끼 _ 274
스팸치즈샐러드 _ 122
식재료 _ 20
쑥갓봄배추겉절이 _ 120

ㅇ

알탕 _ 276
애호박오징어찌개 _ 278
양념장 황금비율 _ 10
어묵찌개 _ 280
얼갈이배춧국 _ 208
연근고추장조림 _ 124
연두부버섯볶음 _ 126
연두부호박찌개 _ 282
연배추갈비탕 _ 284
연배추겉절이 _ 128
연어된장찜 _ 130
오삼불고기전골 _ 286
오이피클 _ 132
오징어채볶음 _ 134
오징어케첩강정 _ 136
우럭매운탕 _ 288
육개장 _ 290

ㅈ

제육볶음 _ 138
조개냉이국 _ 210
조개순두부찌개 _ 292
조기맑은탕 _ 294
조기매운탕 1 _ 296
조기매운탕 2 _ 298
조리시간을 줄이는 노하우 _ 16
죽순잡채 _ 140
중국식 오이피클(마리황과) _ 142
찌개 재료 궁합 _ 220
찌개 · 국 재료 손질법 _ 216

ㅊ

채소스테이크구이 _ 144
청경채마른새우볶음 _ 146
청국장찌개 _ 300
청포묵달래장 _ 148
추어탕 _ 302
취나물된장무침 _ 150

ㅋ · ㅌ

콩나물유부찜 _ 152
콩나물파채무침 _ 154
콩다시마조림 _ 158
콩물우거지냄비 _ 304
콩비지찌개 _ 306
콩샐러드 _ 156
토마토베이컨볶음 _ 160

ㅍ

팽이버섯겉절이 _ 162
편육깻잎무침 _ 164
표고버섯들깨찌개 _ 308
표고버섯쌀가루강정 _ 166
풋마늘오징어무침 _ 168
풍미 양념 _ 14
피망잡채 _ 170

ㅎ

해물찌개 _ 310
해물탕 _ 312
해장국 재료 궁합 _ 218
해파리새우냉채 _ 172
홍합허브고추소스 _ 174
황태콩나물해장국 _ 212

요리의 조리법을 3단계로 간추려 누구나 척 보면 자신 있게 만들 수 있는 쉬운 요리들을 골랐다.